U0220002

博物馆研究书系
Series of Museum Research

# 博物馆设计：故事、语调及其他

杰克·洛曼
凯瑟琳·古德诺 编
吴蘅 译

复旦大学出版社

图书在版编目(CIP)数据

博物馆设计:故事、语调及其他/(英)杰克·洛曼(Jack Lohman),(澳)凯瑟琳·古德诺(Katherine Goodnow)主编;吴蘅译.—上海:复旦大学出版社,2018.10(2020.12重印)
(博物馆研究书系)
ISBN 978-7-309-13818-4

Ⅰ.①博… Ⅱ.①杰… ②凯… ③吴… Ⅲ.①博物馆-建筑设计 Ⅳ.①TU242.5

中国版本图书馆CIP数据核字(2018)第174309号

博物馆设计:故事、语调及其他
[英]杰克·洛曼(Jack Lohman) [澳]凯瑟琳·古德诺(Katherine Goodnow) 主编
吴蘅 译
责任编辑/史立丽

复旦大学出版社有限公司出版发行
上海市国权路579号 邮编:200433
网址:fupnet@fudanpress.com http://www.fudanpress.com
门市零售:86-21-65102580 团体订购:86-21-65104505
外埠邮购:86-21-65642846 出版部电话:86-21-65642845
浙江新华数码印务有限公司

开本787×960 1/16 印张12.75 字数156千
2020年12月第1版第3次印刷

ISBN 978-7-309-13818-4/T·632
定价:38.00元

# 目 录
CONTENTS

# 译者序：这是最好的时代

吴 蘅

不能免俗地，我还是选用了狄更斯这句被广泛引用的名言来点题并开篇，因为我觉得，只有这句话才无比贴切地、高度概括地形容了中国博物馆所身处的这个时代。这是最好的时代——作为一名博物馆人，我想大多数同仁们，甚至许多博物馆观众们，会同意我的这个论断。

本套丛书的酝酿与筹备始于2007年，当时我还是一名博士在读生，丛书的三名主编中，杰克·罗曼（Jack Lohman）先生时任英国伦敦博物馆（Museum of London）馆长，凯瑟琳·古德诺（Katherine Goodnow）教授与陆建松教授分别在挪威卑尔根大学（University of Bergen）与中国复旦大学任教。当时，中国（大陆地区）的博物馆总数为1 634座，国有博物馆免费开放政策还未正式实施，全国博物馆也未有评估定级。十年后的今天，全国登记注册的博物馆为4 873座，其中4 246家博物馆免费向社会开放；年参观人次约9亿，年举办展览3万余个，年举行教育活动11万余次。十年后，三位主编的职业生涯也有了些许改变——罗曼先生现为加拿大皇家不列颠哥伦比亚博物馆（Royal British Columbia Museum）馆长，古德诺教授远赴澳大利亚任教，陆建松教授现任复旦大学文物与博物馆系系主任；而我已顺利完成我的博士学习，成为一名博物馆人。十年以来所不变的，是我们依然在博物馆界，依然怀有对博物馆最真挚的热爱，以及对博物馆的未来最美好的期待。

自1905年第一座由中国人自己在中国建立的近代意义的博物馆在南通建立起，百年的历程中，中国博物馆经历了几度起伏，迎来过几次美好时代，如：上世纪二三十年代由提高国民社会教育目的驱动的博物馆发展大潮，上世纪中叶社会性质改变后以一系列省级地标性博物馆的建立和发展为标志的社会主义博物馆建设大潮，以及本世纪初以免费开放为契机带来的博物馆发展黄金时代。然而，从来没有一次像今天这样广泛、深入和意义深远。说其广泛，是因为今日中国博物馆的发展并不仅仅局限在几个领头大馆，全国上下各个层级、各个类别的博物馆都呈现出蓬勃生机；说其深入，是因为今日所言的博物馆发展，并不仅仅是政策层面的口号，而是切切实实体现在博物馆的业务中、博物馆的发展战略中、博物馆学的探讨中；说其意义深远，是因为博物馆已不再是一个孤立的、边缘的领域，而是社会生产、生活中一个积极的行动者，以博物馆为圆心，博物馆的一举一动向外辐射至社会的各个层面、国家的各个行业、研究的各个相关领域。

在《博物馆与社会变革——中国的地区博物馆》一书中，我曾对“文革”以后“文化”在我们国家纲领性文件中的表述（及此背后的意义）有过梳理，我将其分为三个阶段，第一阶段是1978—1996年，此时“文化”并没有被独立提出，而是作为“社会主义精神文明”被表述；第二阶段是1997—2006年，此时“文化”作为独立的，与经济、政治并列的一项出现；而自2007年开始，“文化”已作为国民的一项权利而被提倡，而博物馆正是实现公众文化权利的主要手段之一。从简单的梳理已不难看出端倪：中国的国家战略层面对文化、对博物馆的重视越来越加强。这种重视和加强并不是口号式的，而是实实在在以资金支持为支撑：2017年中央财政下达公益性文化设施免费开放补助资金51.15亿元，支持范围包括全国1 849个博物馆、纪念馆和全国爱国主义教育基地，1 049个市级和5 869个县级美术馆、公共图书馆和文化馆，41 051个乡镇文化站、城市社区（街道）文化中心；自2008年全国博物馆、纪念馆免费开放政策开始实施起，十年来中央财政已累计安排公益性文化设施免费开放补助资金407亿元（《人民日报》2017年6月6日第12版）。综观国际博物馆界，国家政府层面对于博物馆支持力度之强，中国独树一帜。而刚刚结束的中国共产党第十九次全国代表大会又将这种对文化的重视推进了一步：文化建设被纳入新时代中国特色社会主义的基本方略，中国特色社会主义文化被写入党章。可以预期，这最好的时代并非昙花一现的热潮，而是中国社会发展的一个长期特征。

除了国家政策层面的支持，这个最好的时代还表现在社会对博物馆关注的大幅提升。作为曾经的冷门领域，这几年的博物馆俨然成为记者、媒体的心头好。每逢一个大展的展出，媒体都会掀起一股不小的高潮，集中火力对展览主题、文物、策展人等各方面进行报道。国际各大艺术媒体如 *The Art Newspaper*、*Artnet* 等纷纷开通中文版，专门聚焦博物馆的弘博网应运而生，微博、微信平台上博物馆官方账号各显身手，各类公众号对博物馆的话题津津乐道——观众从来没有像今天这样被如此大量地、广泛地、持续地沉浸在各类博物馆资讯和讨论中。某某博物馆又开什么展览了、某某文物在哪家博物馆展出了，当你在街头巷尾、在手机聊天群里时不时听到这样的话题时，你是不是会觉得似曾相识？在被誉为文化之都的伦敦、巴黎、纽约，当大都会博物馆或MOMA、大英博物馆或V&A、卢浮宫或奥赛博物馆有某个展览上演时，城市的咖啡馆中、地铁站里、小酒馆前，话题的中心必然是这些博物馆和这些展览。

对于博物馆、博物馆人来讲，专业的激情也从未像现在这样得以热烈地绽放。展览、收藏、文保、社教等博物馆业务的方方面面，教育职责、知识构建功能、社会角色、公共责任等博物馆作为社会公共机构的各方面意义，博物馆人和博物馆学人孜孜以求。正是基于这样的背景，本书集结而生，旨在与同行进行分享与探讨，为博物馆专业的学生和新人提供一份参考，为对博物馆感兴趣的读者提供一个深入了解博物馆工作与思考的窗口。

广义的博物馆设计有着丰富的内涵，除了有形的展厅设计、展览设计、博物馆建筑设计外，也可以指无形的思想或者理念方面，如：展览内容设计、博物馆运营战略设计等。因此，本书以“博物馆设计”这个涵盖丰富的概念为题，希望能从各个相关方面对博物馆这个中心议题进行探讨，从博物馆建筑、陈列展览、展览中的故事讲述等诸方面进行讨论。

在第一章“博物馆设计：一些担忧、一些顾虑、一些想法”中，杰克·罗曼从埃及作家纳吉布·马哈福兹（Naguib Mahfouz）的关于个人意愿与社群需要的言论出发，引出了博物馆设计对于个人与群体需求平衡的探讨。在博物馆馆长身份之外，罗曼也是一名受过专业训练的博物馆设计师，因此他对博物馆空间设计有着更为敏锐的观察力，而他多年的博物馆管理者的经历，又使得他能超越设计师的“设计”而在一个更全方位的视角上对博物馆设计进行检视。在这一章中，他立足于博物馆建筑，剖析了博物馆建筑设计上的一系列悖论——博物馆建筑的“大”与“小”、政治对博物馆的利与弊、博物馆设计中的“过少交流”与“过多交流”、全球化与民族性、个人需求与群体需求。在论述中，罗曼列举了全球范围内的例子，读者在对这一章阅读的同时，也能一窥世界各地博物馆、建筑师的风采。

第二章“换一种说法”基于伦敦的六家博物馆——伦敦博物馆（Museum of London）、杰弗瑞博物馆（Geffrye Museum）、伦敦运输博物馆（London’s Transport Museum）、格兰特博物馆（Grant Museum of Zoology）、布鲁内尔博物馆（The Brunnel Museum）、布罗姆利博物

馆（Bromley Museum Service）——曾联合进行的一个名为“换一种说法”（Saying it again, Saying it differently）的项目，该项目旨在通过博物馆间的分享、合作，探讨博物馆展览在传播与交流方面的最佳实践。这六个馆中，有三个曾对本馆的陈列进行过改造，另三个则正有改造的需要并希望通过这个项目完成展览的升级。博物馆陈列展览的改造和升级对于中国的博物馆是个很熟悉的话题。我国的省级博物馆在近几年都曾进行过大规模的改造和提升。出于不同的国情和馆情，伦敦这几家博物馆的例子或许与中国博物馆改陈的实践有诸多不同，但从中依然可以归纳出博物馆在对展览进行改造或调整时所需要面对的挑战与执行的步骤。这一章的写作以实用为出发点，按博物馆展览改造工程的进行顺序，按“发现”“创作”“实施”“展览文本处理”“评估”五个阶段，逐一介绍各阶段所应进行的工作以及需要注意的问题。在这章的最后，作者还列出了博物馆传播与交流相关的资源和工具，以方便读者查阅。对于计划进行展览改造或者是策划新展览的博物馆，这一章的内容不失为一份“使用手册”。

十年前，当我们与中国博物馆专业人员交流时发现，“叙事”或者“讲故事”的概念在中国博物馆中并不流行。一方面是因为中国博物馆馆藏丰富，重器诸多，有些文物出现在展厅中就已自带传奇光环，无须背后故事来支撑；另一方面，也是因为“叙事”和“博物馆传播”的概念和理论还未被中国博物馆界包括博物馆学界所接受。第三章“博物馆、故事、流派”的作者凯瑟琳·古德诺是媒体研究专业的教授，在影视传媒、剧本创作方面著述颇丰，其研究的一个新的兴趣点便是把博物馆视作一种大众传媒：我们可否从电影、电视、文学作品等其他传媒手段中得到一些启示？今天，随着中国博物馆的观众意识越来越强，在策展的时候越来越顾虑观众的兴趣和感受，展览的叙事、讲故事也越来越被探讨。在这一章中，古德诺运用戏剧、传媒的相关理论，结合英国、澳大利亚等国博物馆的实例，讲述叙事和讲故事手法在博物馆展览中的应用，并对叙事结构、角色、布景、流派等相关概念进行了阐述。在其生动、丰富的叙述中，读者将走出对博物馆的刻板印象，从一个全新的视角审视博物馆及其展览。

博物馆不仅仅是展示历史的荣耀、艺术的精美的地方，它收藏记忆、传承过去与现在，于是不可避免地将触碰历史的黑暗与伤口。战争、奴役、灾难、暴行以及其他，对于这些敏感性题材——它们往往承载着创伤和痛苦——博物馆应如何处理？第四章“他人的苦痛”的作者，时任伦敦博物馆码头区分馆（Museum of London Docklands）馆长的戴维·斯彭斯（David Spence）用该馆的两个展览“伦敦、糖与奴隶”“开膛手杰克与东伦敦”——前者为永久陈列，后者为临时展览——为例，详细论述了博物馆在面对敏感性展览主题时背后的理性思考与方法论，是不可多得的第一手资料。这两个展览，第一个涉及“贩奴贸易”这段黑暗的历史以及伦敦在其中的不光彩角色；第二个是举世皆知的重大犯罪事件，曾被多次搬上荧幕和舞台，并已成为今日伦敦城市身份的一部分。两者均是颇为棘手的题材，极具挑战性。国际博物馆界对“难以面对的遗产”（difficult heritage）已有过诸多讨论，国际博物馆协会（ICOM）更是把2017年国际博物馆日主题定为“博物馆与有争议的历史”（Museums and Contested Histories）。中国博物馆界在这方面还未有过太多的实践，斯彭斯在这章的分享提供了一个很有价值的参考，希望借此也能引起中国博物馆对难以面对的遗产、难以言说的历史的展示的进一步思考与探讨。

在第四章斯彭斯的讨论中，伦敦博物馆码头区分馆对于敏感、棘手题材给出的一个解决途径是与当地社区密切合作。在第五章“博物馆与社区参与”中，作者对博物馆的社区参与作了进一步阐述。Community 这个词在中文中一般翻译为“社区”，但中文中这个“区”字则给这个概念设定了一个“地域”框。而实际上这个概念强调的是相互关联的人们所组成的社会生活共同体，并不一定是在一定地域内。

可能正是因为“社区”这个概念在中文与英文中的并不完全对应性，中国博物馆界对于“博物馆社区”这个概念还未有过深入探讨，而更多地采用“博物馆观众”或“公众”这个概念来涵盖。在这一章中，作者分别阐述了社区对博物馆参与的四种形式：接近、反映、提供和结构性参与。如前文所述及，今日的中国博物馆已改变了理念，将观众置于工作的中心，努力地采用各种方式吸引和接近观众。本章对观众参与方式的详细探讨将对中国博物馆实践提供有意义的参考。

本书的主编之一杰克·罗曼先生现任加拿大皇家不列颠哥伦比亚博物馆馆长。加拿大是一个种族、文化多元化的国家，因此加拿大的博物馆在检视“身份认同”“文化认同”议题上有着天然的优势，也可以说是天然的挑战。从皇家不列颠哥伦比亚博物馆的“双节庆传统”（Tradition in Felicities）展览出发，罗曼在第六章“主导式叙事、身份认同及其他”中，对“我们是谁？我们可以讲述哪些文化故事？”这个当今博物馆在公众传播上所面临的问题展开了论述。罗曼的探讨，以其诗意般的语言、引人入胜的描述，唤起了我们对博物馆主导式叙事（master narrative）、博物馆与政治、博物馆与全球化等这些大视野问题的思考。博物馆的发展离不开其所处的社会和时代。在孜孜不倦于博物馆具体业务的同时，我们也有必要不时地抬一下头、抽一下身，从一个更大、更广远的维度上来检视我们所做的工作，让博物馆与时代共舞。

综上所述，本书从博物馆建筑、博物馆展览、博物馆叙事、博物馆处理棘手题材等几方面对博物馆设计进行了讨论，既是国外博物馆同行的分享，也是对更广泛、更深入专业探讨的引玉之砖。身为中国博物馆人，我由衷感慨我们生逢其时的幸运。最好的时代，代表着机会、资源，也预示着挑战。唯愿与各位博物馆同仁、博物馆爱好者共同努力，不负这最好的时代。

2017年11月29日

# 序　言
PREFACE

杰克·罗曼（Jack Lohman）

建筑师、艺术家、电影人、策展人、剧场经理、摄影师、餐厅老板，正是这些各行各业的专业人士，在过去的三十年中，影响并改变了博物馆设计。试想数字媒体、电影装置和表演、时尚、购物与娱乐，或者是博物馆的监控、藏品的保管、照明技术等带来的影响，你就会意识到，博物馆设计是如何借助各种技术进步，如何藉由各种传播手段和媒介形式蓬勃发展的。这不再是一块孤立的设计领域，今天的博物馆设计融合了多种理念和方式。

博物馆设计也不再是单线程的工作，事实上，关于“博物馆是什么”或者“博物馆应该是什么样”的问题，也不再存在单一的定义或答案。甚至“博物馆是为了保存‘物’或‘事’而存在”这一概念也不再是一成不变的真理。虽然“博物馆是珍宝库”的观念并未被完全抛弃，今日博物馆的宗旨和功能却远远不止于此。

具有数字化设施的学习中心、会议厅、餐厅、咖啡馆、商店、剧场、花园等，这些只不过是一个现代化的博物馆所必备的几项。在短短三十多年间，关于“博物馆是什么”的整个理念发生了革命性的改变，经历了根本性的转折。博物馆设计师们不得不探寻新的设计方式或途径来应对这种变化，以使博物馆成为一个建设性的环境、一个带来灵感的空间、一个能唤起沉思和学习的地方。

令人欣喜的是，在这一转变过程中，博物馆设计这一专业在逐渐为人所知，并且在一些国家已经获得了振奋人心的地位。博物馆业在世界的几乎每一个地区苏醒、发展，脚步或许有快有慢，但都在前进。没有一个时代会比今天更适合去关注、投入博物馆业。

在接下来的章节中，我们将围绕博物馆设计——尤其是信息和传播技术在博物馆中的运用——来进行探讨。先进的传播交流技术已成为博物馆体验中密不可分的一部分。我们欲通过本书向读者展示创意性的传播技术和实践对于博物馆设计的重要性。

是什么使得一些博物馆比其他博物馆运营得更成功？这个问题并没有简单的答案。但是，不容置疑的是，一座博物馆的建筑设计与其提供的内容和服务，两者一样重要。我希望你们在本书中能找到一些可以激发你们工作灵感的东西。

最后，非常感谢陆建松教授和古德诺（Goodnow）教授在本书的编写和出版过程中所付出的心血，也要特别感谢吴蘅博士在本丛书的组稿、编纂、联络和翻译过程中所付出的努力！

# ◀ 第一章 ▶

# 博物馆设计：一些担忧、一些顾虑、一些想法

杰克·罗曼（Jack Lohman）

## 一、新 的 荣 光

埃及作家纳吉布·马哈福兹（Naguib Mahfouz）曾经说过："我捍卫言论自由，也捍卫社会反对这种自由的权利。"① 马哈福兹是基于他所熟知的文化发表了此评论，在那种文化里，正义之士必须大声地反对不公，社会的规范和准则必须坚守阵营，从而使整个社会保持其完整性、一致性。

当马哈福兹于 1988 年被授予诺贝尔奖时，正如他一直以来的谦虚，他把这份荣誉视作中东文化获得世界承认的成就，是一种传统文学找到了国际舞台，拥有了更多的读者，而不仅仅是对他个人的嘉奖。

大奖就是有这样的能力，它能瞬间点亮聚光灯，把公众注意力吸引到某个人、某个地方、某本书或某座楼。阿卡汗建筑奖（the Aga Khan Prize for Architecture）、普利兹克奖（the Pritzker Prize）通过对有特殊才华的建筑师的嘉奖，在世界范围内把公众的目光汇聚到了某些建筑物上。具体在博物馆领域，如今存在着一种所谓"**毕尔巴鄂效**

---

① Naguib Mahfouz, Interview with Charlotte El Shabrawy (The Art of Fiction No. 129), *The Paris Review* 123, Summer, 1992.

应”（Bilbao Effect）。建筑师弗兰克·盖瑞（Frank Gehry）在西班牙古根海姆博物馆设计上石破天惊般的成功，不仅带来了一种文化影响，也大为改变了该博物馆所在地毕尔巴鄂小城的命运。象征着工业的烟囱和飞轮折射在盖瑞的设计中，连同整个博物馆建筑，昭告着一种新的经济发展力。业界对这个博物馆建筑的首肯和嘉奖也已物化为由这座古根海姆博物馆所带来的当地蓬勃兴起的旅游业。

自盖瑞的这座建筑开放迄今的近二十年以来，我们已经目睹了几十座世界一流博物馆充满自信地向世界舞台进军，从伦敦巨大的泰特现代艺术馆（Tate Modern），到堪培拉多彩的澳大利亚国家博物馆（National Museum of Australia），从旧金山迪洋博物馆（De Young Museum）的有机过滤，到近几年中国大地上各种类型、各种风格，或新建或改造的博物馆建筑的百花齐放。阿布扎比也将在“卢浮宫–阿布扎比”（the Louvre Abu Dhabi）里优雅地展示其文化身姿。

这一切听起来是如此美妙而轻松：一座雄伟的建筑，精美绝伦的藏品，外加一些公众的赞美——成功应运而来。

但是，正如我们近来在法国看到的那样，博物馆建筑的政治敏感性风险也是巨大的。博物馆并非娱乐或装饰物。他们对社区的自身认同至关重要。我们如何展示国家的收藏是向世人的公开宣告，宣告我们对自身、对友邦、对所身处的这个世界的理解。在法国前总统希拉克极力支持下建起的位于巴黎的坎布朗利博物馆[①]（Musée du Quai Branly），本应毫无悬念地成为成功之作：出自法国著名建筑师让·努维尔之手（Jean Nouvel），背后有强有力的政界支持，拥有令人叹为观止的非洲、大洋洲、亚洲艺术作品。

然而，也许是因为希拉克总统本身所具有的政治特质，所有的一切似乎都迷失在了政治里。是否这只不过是一座用现代手法建起的、

---

① 译者注：法国人也称其为“原始文化博物馆”或“其他文化博物馆”。

关于过去的最糟糕的人类学博物馆？在那里，“他们”是否作为“原始的”“奇怪的”形象被展示？它是否企图回避殖民者的贪婪这种敏感的问题？博物馆的收藏又是如何形成的？如果它旨在突出这些藏品的艺术价值而非人类学意义，那么，为什么希拉克总统没有成功说服卢浮宫等博物馆在展示欧洲艺术品的同时也展出这些作品呢？

对巴黎的这座新博物馆的质疑已然很多，争论还将继续，坎布朗利博物馆也许终将找到属于它的文化地位。这座世界级博物馆所受到的争议却彰显了当代博物馆文化的一个关键方面，也是我想在这里指出的：雄伟壮观的博物馆大楼已不足以表征文化实力，虽然他们曾经是。真正对人们有意义的来自这些大楼的里面，在于他们的参观体验。

## 二、旧有的顾虑

如今，博物馆的内在如其外表一样引人注意。博物馆的空间更为开放，更易于参观者流动，标牌说明更为醒目易懂，各种展览和教育活动更为丰富，所有这些都吸引着更多的参观者。新技术的应用革命性地扩大了对历史资料的接近，使博物馆对馆藏的研究更及时，并使深奥、难懂的文物更为观众所理解。

但是，博物馆的这些内在方面发展往往跟不上博物馆大楼建设的步伐。博物馆的内在看似已经足够丰富，却没有真正抓住当代博物馆建筑的美妙如何得以贯彻的实质。这是个艰难的转折。从外部看，新建的博物馆非常和谐地与周围的环境融为一体。说到这一点，人们往往会想到毕尔巴鄂的古根海姆博物馆与其所处的城市环境之间极具象征意义的紧密联系；或者安藤忠雄（Tadao Ando）设计的德克萨斯沃斯堡现代艺术博物馆（Modern Art Museum of Fort Worth）——这项任务极具挑战性，因为它毗邻路易斯·康（Louis Kahn)的经典之作金贝尔艺术博物馆（Kimbell Art Museum)；抑或扎哈·哈迪德为哥本哈根奥德罗普园博物馆（Ordrupgaard Museum）做的扩建设计，哈迪德设计的新楼与博物馆原有的建筑以及周围的园林巧妙融合、有机联系，从而，如哈迪德本人所说，整个博物馆建筑的轮廓线条得到了必要的改善，博物馆的空间利用得到了提升①。

所有这些都很棒！没有人会喜欢一幢获奖无数却无法与周围有机融合的建筑。事实上，对于公众至关重要的一点是这幢建筑是否真正了解公众的需要、是否真正能为公众所用。

然而，踱步进入博物馆，却发现有些博物馆的内在并非如外观那般意义深刻。试问一下，当你踏入博物馆巨大的入口大厅，看到眼花缭乱的指向各个展厅或活动室的标牌——每一个看起来都那么诱人，你是否有过一下子懵了的感觉？当你听了博物馆的恢宏华丽的介绍后开始你的参观之旅，面对展柜里专业却枯燥的历史资料，你是否感受到由这种落差带来的瞬间的失望，即使你的初衷也许只是为了来看某一件特殊的展品，有时候甚至是某件很小的东西？荷兰建筑师雷姆·库哈斯（Rem Koolhaas）曾把博物馆已令人习以为常的枯燥乏味归结为博物馆里到处布满了太多的中庭②。

总体来说，这个问题分两类："过少交流"和"过多交流"。"过少交流"是指博物馆的展厅中基本没有任何主观说明，任由内容自己彰显意义。自然光透过窗户和玻璃天花板照入，景象无比纯粹。建筑物或直或曲的线条随同展品一起成为展览的一部分，给人以清凉、宁静、有序之感。这种类型也许对大多数展览都适用。

对于班瑞·盖森（Barry Gasson）设计的格拉斯哥的布雷尔收藏馆（Burrell Collection）在建筑空间与博物馆收藏有效融合，记者乔纳森·格兰西（Jonathan Glancey）如此称赞道："收藏馆的建筑恢宏、

---

① http://www.zaha-hadid.com/cultural/ordrupgaard-museum-extension.

② Mimi Zeiger, *New Museum Architecture: Innovative Buildings from Around the World* (London: Thames & Hudson, 2005), p. 15.

稳健，而更令人难忘的是布雷尔爵士（Sir William Burrell）的稀世之藏。这些藏品承载着4 000年的历史，与园内四季交替的栗树、西克莫槭、风铃草、欧洲蕨交相辉映、相得益彰。”①

如此铺张的空间或许不合时宜，相反的方式乘虚而入，那就是“过多交流”。只要想一想你所参观过的任何科学馆或儿童博物馆，你就会明白所谓“过多交流”是什么意思。在那里，所有的展示都配以或文字说明或视听演示或其他各种技术手段的演绎。我们能够理解其初衷，可就博物馆的内在建筑而言，这种效果不可避免会令人失望。

我想指出的是，上述两种方式，没有一种对博物馆体验和博物馆内容有真正的理解。展品不是被神圣化了就是被过分演绎了。前一种方式强调了展品的欣赏价值，主要是其美学意义。后一种方式力求突出互动性，却丢掉了博物馆区别于其他文化娱乐形式的特质。

在“过少交流”与“过多交流”之间，是否有解决办法？是否能找到两者之间的解决途径？在我们试图调解这两个看起来不可相容的方式前，我们首先要了解两者背后的原因。是什么让建筑师、博物馆甚至法国总统，对其中的一种方式趋之若鹜呢？是什么局限了博物馆的内在？

## 三、是什么局限了博物馆的内在？

建筑师们并不只对砖石灰泥感兴趣，他们也乐于发表陈述。在描述他们设计的楼宇所展示出的建筑式陈述时，他们经常用上“挑战”“交融”“对比”这样的字眼。他们不厌其烦地解说着他们设计的楼宇与周围的环境、情境之间的关系。

这样做的结果是颇有成效的。但问题是这些陈述阻断了“交谈”：

---

① Jonathan Glancey, *New British Architecture* (London: Thames & Hudson, 1989), p. 11.

我的陈述只是我对你所说的，而交谈则是我们之间的双向对话。

就博物馆建筑而言，之间的分歧是很明显的。陈述一般都是令人振奋的：弗来克·盖瑞为毕尔巴鄂设计的银色雕塑，贝聿铭的卢浮宫前的玻璃金字塔，安藤忠雄的日本神户兵库县立美术馆（Hyogo Prefectural Museum of Art），这些建筑结构本身就是对自身重要性的宣告。的确是这样，他们确实是恢宏、重要的陈述，值得我们注意和赞叹。

但是，这些“恢宏建筑”所带来的问题是：他们往往让人对博物馆产生极高的预期，这种预期在观众踏入博物馆参观时很难降下来。

建筑师罗伯特·文丘里（Robert Venturi）在设计其母亲位于宾夕法尼亚州栗树山（Chestnut Hill）的住宅时注意到了这个问题。对于这座屋子高耸的A字形正面带来的审美定势，文丘里雄辩滔滔地解释了我们如何同时体会这座住宅的“大与小”：宏大的外部建筑，隽永的却已缩小化了的内部环境。文丘里巧妙地降低了空间感，创造了一个更实用、更具人文情怀的室内氛围。

我将在之后的段落中进一步讨论对于这种“大与小”的悖论更实际的解决方式，但首先，我们要承认大型建筑对于任何一家文化机构来说都存在两大问题。第一，这些大型建筑创造了一种壮观的人工印象，实际上，当观众进入内部参观以后，往往因对“壮观”的预期没得到满足而产生失望；第二，这一点我之后将再次提到，这些大型建筑作出了过于强势的陈述，不是“我们在交谈”，而是“我在对你说”。

这一问题的部分原因在于建筑师，但另一部分也在于博物馆人，正是他们、正是这个机构追求了这样的大建筑。

一个博物馆的理念一旦定型，很难得到改变。博物馆业务中最受人关注的莫过于curation，字面意义就是藏品的保管和研究。人们进行博物馆工作似乎是出于对过去的文化进行保留的渴望，似乎是要以此建立起一道藩篱，抵抗现代社会的快速发展。因此，必须承认的是，在我们解放博物馆空间、追求更引人注目的内部建筑形式之前，也许我们该先解放藏品保管员、研究员的思想。

这往往是关于专业性的问题。研究员对藏品如数家珍般的了解（也许超过任何其他人）往往会阻碍他们对怎样把该藏品展示给公众的思考。这样的情况现实中经常看到，比如，展览中使用参观者甚至当地人都不再使用的表述，或是早已被遗忘的教育观念。我的博物馆同仁们虽然有“融入”的意识，却没有真正抓住“融入”的精髓，因此，在策展中往往固执于一些未免显得狭隘的、高高在上的甚至误导性的方式。这里，我们不难看到传统的过少交流的方式与令人尴尬的过多交流方式之间的对立与平衡。

我想说，问题的关键不在于想，而在于做，在于找到真正与当地社区之间的交融。为什么呢？为什么博物馆难度这么大呢？原因是很复杂的，其中包括博物馆工作人员文化背景的单一性或经验的缺乏，也包括博物馆自身的权力机制。到底谁对博物馆的内容有真正的掌控权，这往往是不明确的。策展人、设计师、建筑师要想真正吸引更多的观众，就必须把当地社区纳入考虑范围。这就意味着在公共空间的外观和内在的设计上放弃使用居高临下的立场，而是想观众所想。这样做的结果往往出乎意料地成功。要弥补高大宏伟的博物馆建筑带给人的宏大陈述之感与博物馆的内在给予人的并非那么恢宏的印象之间的落差，不妨展开一场对话：与最为主要却常常在博物馆的设计、策展过程中缺位的角色——观众进行对话。如果我们由衷地想去聆听、去融入观众，我们需要调低建筑师和策展人的声音。

博物馆设计师玛蒂尼·德瑞克（Martijn de Rijk）和格特·斯塔尔（Gert Staal）在描述荷兰莱顿国立民族博物馆（National Museum of Ethnology）的二次设计时说：“这个项目最伟大的成就可能就在于所有的参与者都无私地投入了自己的激情和技能，使项目的最终成果并没有沦为完成个人野心的垫脚石。”① 这并非易事，但他们做到了。这个博物馆彻底实现了面向现代观众的自我转型，同时也没有丢失其专业性和在建筑方面追求的真谛。莱顿的经验很令人鼓舞，因为它撷取了不同专业领域中传统和创新的双重优势，从而达到了最优结果。莱顿的这个博物馆项目各方面都表现得很“酷”，取得了极大成功。由此可见，我们不用害怕这样的对话，只要控制得当，我们终会取得基于共识的理念，而非来自委员会的强制性决定。

## 四、全球范围内的成功

我感觉我对博物馆的专家学者们似乎苛刻了点。博物馆得以运转，源于博物馆人的付出和努力，源于他们对卓越、对完美的向往和追求。我从未想过去限制策展人、建筑师或任何一位在新设计或其他相关专业颇有建树的人——正是这些专业性使当代博物馆成为令人喜欢、愉悦的地方。相反，我希望他们走得更远，我希望博物馆的国际化是真正的国际化，不仅仅出现在博物馆从业人员的评论中，而是作为一种大众流行文化的成功，以当地拥抱全球。这就需要深入思考如何解决我前文已提及的博物馆外与内之间的落差问题，即：如何使博物馆的内在与博物馆外部建筑给予我们的令人景仰的第一印象相匹配。

这些对于我来说都是很现实的问题，因为我馆②——伦敦博物馆——就坐落在一座建于 20 世纪 70 年代颇难驾驭的建筑中。如今，这座建筑不仅在象征意义上拥抱了社区，其经过改造后的建筑结构也呈开放式，与周边更好地融为一体。

有一系列的例子值得我们去遵循，比如，建筑师理查德·罗杰斯

---

① Gert Stall & Martijn de Rijk, *IN side OUT / ON site IN: Redesigning the National Museum of Ethnology, Leiden, The Netherlands* (Amsterdam: Bis Publishers, 2003), p. 63.

② 译者注：行文时本章作者为伦敦博物馆馆长。

（Richard Rogers）大力强调建筑必须具备可持续性，必须充分考虑环境保护、能源消费等问题。事实上，罗杰斯进一步指出："作为一个文明社会，我们必须意识到我们所需要的不仅是要追求利润最大化，也要追求价值的最大化……如果我们可以把社会问题、技术和结构的创新、具环保意识的设计有效融合，我相信我们可以创造出符合 21 世纪要求的建筑。"①

罗杰斯所言的"社会问题"具有各种形式。盖瑞的毕尔巴鄂博物馆前卫得令人惊心动魄，却依然成功彰显了周围相对传统的工业建筑。盖瑞赋予了工业社区新的历史意义。考文垂的"凤凰项目"力图把历经战火摧残而巍然屹立的残留建筑融入今日的建筑特色中，旨在有效融合这座重建的英国小城的过去和现在。这种象征性的融合并非新事物，正如作家路易斯·坎贝尔写道：

> 在废墟保护中体现磨难和痊愈，这一概念有很长的历史……1948 年，勒·柯布西耶（Le Corbusier）为经受了轰炸的法国圣迪（St Dié）小镇做了一个设计，通过把废墟上的东西混合进混凝土和玻璃中，柯布西耶提出："把烧焦的、被摧毁的大教堂变成一支建筑的活手电，从它所蒙受的灾难中充电，使大教堂在以后的岁月中成为这场悲剧事件的永久见证人。教堂的屋顶垂落而下，教堂外的青山和迎风舞动的树叶透过唱诗席和十字翼部参差的红砖石洒下一瞥……"②

这种对过去的使用——把过去自然地融入城市中去，而不是分离

① David Gissen ed, *Big and Green: Toward Sustainable Architecture in the 21st Century*, (New York: Princeton Architectural Press, 2003), p. 173.

② Louise Campbell, "The Phoenix and the City: War, Peace and Architecture", in *Phoenix: Architecture/Art/Regeneration* (Black Dog Publishing, 2004), p. 22. Campbell quotes Le Corbusier from P. Collins, *Concrete: The Vision of a New Architecture* (London, 1959), p. 478.

出来作为“其他”在博物馆或城市论坛中单独展示——对当地居民有深重的影响力，因为他们自己的人生经历都在身处的城市中得到了体现。过去与现在融为一体。这种过去融合于现在的美妙与博物馆融合于大自然的设计异曲同工，后者可以在许多成功的博物馆设计案例中见到，比如，盖森设计的布雷尔收藏馆，哈迪德设计的沃拓普园博物馆的扩建部分。挪威的冰川博物馆（Glacier Museum）的设计也是一个博物馆和谐融入自然的成功例子。这座博物馆建筑造型奇特，平面形状取自其探索的主题——北欧的冰，整个建筑的设计与博物馆主题和四周环境极为切合，可以说，这个建筑只可作为冰川博物馆，而无法用于任何其他主题的博物馆！建筑的隐喻绝非易事，因为自然景观是当地社区理解自身的根本。甚至博物馆建筑颜色的选用，也需要反映当地人民的感受，因为一地的建筑颜色常常是在长期的、集体的选择和积累中形成的，很容易被冒犯或者忽略了①。

罗伯特·文丘里（Robert Venturi）的观点也许可以让我们窥见问题的端倪。在其出版于20世纪60年代极具影响力的《建筑的复杂性与矛盾性》一书中，文丘里抱怨正统现代建筑过于决然化，说他们总喜欢非此即彼（either-or），而非两者兼具（both-and）。“遮阳板仅仅用作遮阳；撑体很少同时用于围护；墙上要么不能打洞开窗，要么就全部是玻璃；“即使是‘流动空间’，”文丘里进一步写道，“也只是把室内作室外，室外作室内，而不是两者同时兼具。这种清楚、分明的表达对于一幢包含了复杂性、矛盾性的建筑是不相宜的。”②

我认为，对自然景观或现存环境的敏感，和对社会问题的关注，带来了文丘里所谓的复杂性。不再只是简单地逆转一下建筑的意思，而是

---

① See Lois Swirnoff, *The Colour of Cities: An International Perspective* (New York: McGraw-Hill, 2000); Jean-Philippe & Dominique Lenclos, *Colours of the World: A Geography of Colour*. Translated by Gregory P. Bruhn (New York: W.W. Norton & Co., 1999).

② Robert Venturi, *Complexity and Contradiction in Architecture* (New York: Museum of Modern Art, 1977), p. 2.

打破内与外的界限，由此，某件更具风险却也更有意义的事情发生了。当然，博物馆早已开始这么做。事实上，关于博物馆是什么的概念已经大大改变，博物馆不再仅仅是庙堂、圣殿或（在其最不堪的时候）是陵墓。博物馆日趋担当起那些与外部社会更紧密联系的非博物馆空间所担当的功能：教室、餐厅、影院、剧场。目前的博物馆设计越来越倾向于打破建筑旧有的固定样式。正如作家米米·泽伊格尔（Mimi Zeiger）在其 2005 年出版的《新博物馆建筑》（*New Museum Architecture*）一书中指出的，楼层规划已过时，灵活可调的空间设计正当季。随着巡回展览和选择性活动的增多，"博物馆展厅的空间设计旨在适用于各种可能的情况"，更多考虑的是其展示功能，而非存放功能①。今天的博物馆空间使出浑身解数让自己变得更超能，如果花园被包括进大楼中，那么街道以及街道所包含的各种活动也应该被接纳进大楼。

参观博物馆本质上是个体力活动。由此，雷姆·库哈斯（Rem Koolhaas）设计中的中庭就有必要，因为博物馆在某种程度上是很沉闷的地方。不管是在柏林的绘画陈列馆（Gemaldegalerie），还是在安藤忠雄设计的神户博物馆，都需要有供参观者中途歇息和沉思的地方，以帮助他们吸收和消化所观看到的东西，让他们按自己想要的节奏完成他们的参观体验。正如肯尼斯·弗兰普顿（Kenneth Frampton）评论安藤位于沃斯堡的现代艺术博物馆（毗邻康设计的金贝尔博物馆）：

> 这个如迷宫般的庞然大物是一件尤为引人注目的作品，因其很好应对了"博物馆疲劳"症，博物馆的各展馆被处理成自足的独立空间，通过一个个散步区隔开，参观者可随时伫足欣赏室外的大型水景。②

---

① Mimi Zeiger, *New Museum Architecture: Innovative Buildings from Around the World* (London: Thames & Hudson, 2005), p. 11.

② *Tadao Ando: Light and Water*. Introduction by Kenneth Frampton (Monacelli Press, 2003).

对于这座博物馆的设计，安藤自己曾说：“我的目的是想要创造一个沙漠绿洲。”① 他也曾写道：“自然以水、光、天空的形式，把建筑从形而上还原到尘世，赋予建筑以生命……我想去强调时间的意义，去创作一个作品，在这个作品里，稍纵即逝之感或时间的流逝空间体验的一部分。”②

安藤的叙述很宏大，这样的理念在许多建筑设计中得到了实现，因为他们意在表现城市的快节奏、喧闹及其他纷纷扰扰。这样的理念面向的是所有人，建筑大师们这么做无疑是正确的。然而，我们可否更具体一些呢？我们可否精炼这个理念，或称为问题，那就是：我们在向谁述说？

我曾多次去过北京的首都博物馆。这是一座令人振奋的建筑，由中国建筑设计研究院联合法国 AREP 公司设计完成。其巨大而又显现代的屋顶折射着中国传统建筑的影响，以物为表征的外形特征——模仿一件考古发掘出的文物——精美地勾勒了建筑的外观。

走进博物馆，你就能注意到耸立在入口大厅末端的一座皇家牌楼、那撑起牌楼的鲜红的大柱子以及牌楼上精心选用的流光溢彩的装饰色。牌楼后面是一面巨大的灰砖墙，砖墙上饰有间距宽敞的凹式纹样。这座牌楼让我清楚地意识到：我这是在北京的首都博物馆。但楼后的砖墙看起来未免单调、乏味。但这仅是我的第一印象，我的中国同行向我解释说这种纹饰对每个中国参观者都很熟悉和亲切。这个设计无疑是能引起观众共鸣的，虽然我这双西方人的眼睛需要指点才能真正领略其中的美妙。

全球化常常会化掉许多特色，它把五彩缤纷的特色精简为统一的形式，即使这种形式已失去其原有的意味。我们不难想象这样的画面：

---

① Tadao Ando, *Tadao Ando: Light and Water* (Monacelli Press, 2003), p. 234.

② Tadao Ando, “From the Periphery of Architecture”, in *Tadao Ando: Complete Works*, ed. Francesco Dal Co (London, 1995).

一座焕然一新的大楼，宽敞的大厅，干净、明亮的墙壁，讨喜的中性创造出一种熟悉的空旷和些许的冷冰冰，这就是我们所习以为常的博物馆入口处。但是，如果有某个建筑化元素可以在每一位观众自踏入博物馆的一刻起就与他们交流，把博物馆大楼的气派结合馆内众多的文物、艺术品集体呈现，则会令人印象深刻得多。

说到这里，不得不提及贝聿铭在 20 世纪 40 年代曾表达过的理想，当时他还是哈佛建筑学系的学生。在讨论其为上海的一家艺术博物馆所做的设计的时候，贝提到他正在寻找一种适合现代中国的建筑风格。他在写给一位友人的信中说，有一段时间，他"一直困惑于寻找建筑中的一种地方性的或'民族性的'表达……这种建筑表达，不用诉诸常见的中国建筑的细节和题材，却真正地表达中国"①。他的老师沃尔特·格罗皮厄斯（Walter Gropius）一开始很失望，但后来却对贝的设计赞誉有加，说这个作品"清楚地证明了一位有才华的设计师完全可以在不用牺牲一个先进的设计理念的前提下依然很好地抓住一些基本的传统特征，这些传统特征，贝聿铭发现他们依然存活着"②。

这就是北京首都博物馆所做到的。北京首都博物馆毫无疑问是现代化的，用她自己的语言作出了 21 世纪建筑的恢宏陈述。但同时，她也找到了一条很好的途径，融入了一些对当地意义非凡的陈述。在其越来越大的国际化进程中，北京首都博物馆已为自己定义了一个想要并且能够与之对话的传统受众群。

要成功就要不畏成为另类的风险。堪培拉的澳大利亚国家博物馆（National Museum of Australia）很重视多样性。他们的团队立足于这样的基本认识："身份认同来自对异质的正视，来自发现他们的所有美的或者不美的。"③ 整个博物馆建筑——渐进的锯齿线、圆形竞技场的

① Carter Wiseman, *The Architecture of I.M. Pei* (London: Thames & Hudson, 1990), p. 44.
② Quoted in Wiseman, pp. 44–45.
③ Dimity Reed ed, *Tangled Destinies* (Canberra: National Museum of Australia, 2002), p. 64.

纯粹的弧线——拒绝任何意义下的划一性。他们寻求共存下的差别性，就如这个博物馆所表征的澳大利亚多姿多彩的社会。

或许是对于差别性的恐惧，导致了某些博物馆空间缺乏交流性，显得中性，而另一些则交流过多，引人紧张。然而，强调差别性往往会带来成功。史密森尼学会的美洲印第安人国家博物馆（National Museum of the American Indian）在致力于代表众多的本土声音的过程中，融入了各种“土著情感”（用其自己的术语），不管是调色板的颜色还是材料的选择都体现了这一点。这种意愿在博物馆的欢迎墙上表现得淋漓尽致，那里刻满了用全美洲成百上千种土著语言写就的问候词。虽然参观者不一定认识，但如果那其中的一种文字来自你的族群，这对于你和你的族群是多么重要！至少，你们在一座具国际影响力的国立机构中占了一席。

这些新博物馆们走得更远。他们不仅表现差异，更真心欢迎来自这些社群的声音。这些成功的故事开始影响博物馆设计和博物馆实践，传统的博物馆业务（建筑或藏品保管和研究）不禁自问：我们应该保持多少权威？如果放弃一些权威将有什么结果？这方面的例子很多，如开普敦第六街区博物馆（District Six) 以当地社区为中心的理念，又如新西兰蒂帕帕博物馆（Te Papa）中特别建造的毛利人集会地。经过一条传统的过道，蒂帕帕博物馆的参观者将来到“马拉安”（marae，即传统的毛利人集会地），在这里可见证新西兰的土著文化，主办方也非常欢迎游客能来这里真正深入了解毛利文化。传统的环境找到了其新的全球化元素：解释转化成了一种体验。

在文章开头，我曾引用了埃及作家马哈福兹关于个人意愿与社群需要的言论。这种个人与群体需求之间的平衡性也在展览和博物馆设计中得到体现。全球化并不消除差别性，相反，它包容各种特性，这种包容不是通过操控，而是通过对话来实现。

# 第二章

# 换一种说法

艾利森·格雷（Alison Grey）

蒂姆·高登（Tim Gardon）

凯瑟琳·布司（Catherine Booth）

我们总是倾向于用自己最熟悉的语调说话，“换一种说法”则倡导跳出固有思维，着重于考虑观众想要听什么。

博物馆主要通过展览进行传播与交流。相比于新技术、多媒体等其他演绎方式，文字或文本无疑是一种较为低成本的方式。文字比较容易修改或调整，而且基本上每个人都能写。但是，博物馆的传播与交流却远远不止是文字这么简单，它更是指展览背后的“中心思想”——这个“中心思想”阐明了展览需要传播的信息，规定了其诠释策略，即：不仅定义了“说什么”，也定义了“怎样说”“向谁说”。

本章即着眼于此，采用“工具手册”的行文方式，探讨博物馆传播与交流的最佳实践方式，对博物馆传播与交流业务进行分段式深度解析，对实际业务中可能遇到的问题给出直接的参考性指导。本章旨在引导你的团队认清自身资源，并挖掘自身潜力。这里列出的实践做法适用广泛，既可用于规模较小的地方性博物馆，也可用于国家级大馆。

本章的主要内容基于伦敦的六家博物馆——伦敦博物馆（Museum of London）、杰弗瑞博物馆（Geffrye Museum）、伦敦运输博物馆（London's Transport Museum）、格兰特博物馆（Grant Museum of Zoology）、布鲁内尔博物馆（The Brunnel Museum）、布罗姆利博物馆（Bromley Museum Service）——于2004年至2006年间所进行的名为"换一种说法"（Saying it again, Saying it differently）的项目。这个项目旨在通过博物馆间的分享、合作探讨博物馆展览传播与交流（communication）方面的最佳实践。这六个馆中，前三个都曾对本馆的展览进行过改造，后三个则正有改造的需要，并希望通过这个项目完成展览的升级。

在实际业务中，博物馆的交流与传播基本可分为"发现""创作""实施""展览文本处理""评估"五个阶段，其中"实施"阶段因内容庞杂，又可按工作重点细分为"寻找并组建创意团队"和"团队合作"两部分。本章即以此为序，逐一介绍各阶段所应进行的工作以及需要注意的问题。在本章的最后，我们还列出了博物馆传播与交流相关的资源和工具，以方便读者查阅。由此，本章的主要内容结构如下：

### 1. 发现

这一阶段需要明确你的博物馆的性质、服务对象及所拥有的资源。我们将对如何评估博物馆的现有体系、如何真实了解它的优缺点、如何挖掘它的潜力等方面给出建议。

### 2. 创作

这一阶段需要明确你想要做什么或说什么，以及谁是你的观众。我们将讲解如何把前期的伟大构想转变成实用的诠释策略。诠释策略，就是以文本的格式概括项目的远景和规模，便于与你的同事、筹资人、设计人员、导览人员以及其他相关人员分享。

### 3. 实施I——寻找并组建创意团队

组建你的创意团队，并向他们介绍项目的基本情况。我们将对如何撰写创意简报、如何寻找有创造力的专业人员（包括设计师、美术设计员、图片研究员以及写作人员）给出建议。

### 4. 实施II——团队合作

我们将对团队合作中可能遇到的具体问题或事项，如项目管理、进度表创制、剧本创写、设计步骤、行程性评估准备等给出指导性建议。

### 5. 换一种说法——展览文本处理

展览中的文字从来不是孤立存在的，它们是一幅三维图景的一部分。这部分我们将重点探讨如何创造性地使用文字以获得最佳效果，并将给出一些博物馆在展览中富于想象力地使用文字的实例。

### 6. 评估

在展览展出后还需要对其进行评估。这一部分，我们利用来自伦敦的四家博物馆——布罗姆利博物馆、布鲁内尔博物馆、格兰特博物馆、伦敦博物馆——的例子，详细说明如何对博物馆的展览进行评估。这四家博物馆都曾对其馆内的一个永久展览进行了重新设计和制作。

### * 资源和工具 *

在这部分，我们列出了一些与博物馆的传播和交流相关的资源和工具，并给出了两个案例，方便读者查阅和分析。

England and small kingdoms developed. We still use
versions of their place names today. Bromley or Bromleag
means 'heath where the broom grows' and Orpington or
Orpingtune means 'village of Orped's people'.
MEDIEVAL
1066 – 1485
Saxon mother and child, about 1,000 years ago
410

## 一、发现——你是谁？你为谁服务？你拥有什么？

这个阶段的主要工作是对目前的展览和即将进行的改陈计划进行评估。下文将要介绍的步骤也适用于全新策划、设计、制作一个展览的情况。不管是对已有的展览进行改造，还是从头着手做一个新展览，这无疑都是个令人兴奋的机会，但也是个很大的挑战，不仅需要新技术，还需要新思维，而且，项目的结果也将因展览的公开性在公众面前一览无余。

**经验分享：**

- 项目负责人自项目一开始就要到位。
- 外部人员可以帮助你用另一个角度看你自己。
- 使用你的集体想象。
- 对每一个关于你的博物馆和收藏的先入为主的观念都要进行质疑，尤其是来自本馆工作人员的观念。

**这里列出一些比较常见的先入为主的观念，需要注意避免：**

- 每个人都喜爱……（如：灯光幽暗的钱币展）
- 这是一件非常重要的……（如：瓷器、武器、礼服）
- 你必须整套展示……（如：邮票、碎片、瓶装的子弹）
- 必须告诉大家……（如：关于粒子的详细信息）
- 参观者来这里是为了了解……的事实（如：皇帝的一生）

发现阶段是测试新展览设想的第一次机会。在这个阶段，这些设想也许还比较表面，不够深入，但通过这个阶段的工作你就能够获得比较有价值的回应和发现。这个阶段中，在你与不同团队进行讨论时，不妨问问以下问题：

- 你认为目前这个博物馆中缺少什么？
- 你想通过博物馆多了解哪些方面的内容？
- 你在别的地方看到的哪些好的做法可以为我们所用？

## 1. 发现阶段需考虑的问题

### 你的项目有多大规模？

有必要自一开始就把项目的各项具体参数明确下来，比如：你的项目的规模有多大？你是准备改造整个博物馆，还是只动很小的一个角落？已确认的经费有多少？还有其他地方可以申请到经费吗？项目的时间进度表是什么？哪些指标用以证明项目正按进度表进行？项目的每个部分具体由谁负责？明确了这些问题，项目团队的每个人就有了明确的尝试空间。如果这个不能明确的话，整个进程就会受到阻碍。

### 你需要跟哪些人合作？他们的优先权如何？

一个项目会涉及一系列的人和机构，他们是帮助你共同完成这个项目的伙伴，但同时也是潜在的问题制造者。所以，从一开始就要把他们都考虑在内，明确博物馆的各方权益人，清楚了解他们各自的兴趣和利益所在，考虑他们有可能给你提供哪方面的帮助。比如：为展览出资、出物的人，博物馆的工作人员和志愿者，地方权力机关，博物馆的理事，学校里的相关人员等，他们的目标和倾向各是什么？哪些人是你必须去沟通的？你如何处理他们的意见和建议？谁具有决定权？

也许你会发现，对于你的博物馆，其他团体有着完全不同于你的看法。这就为你提供了一个极好的机会让你重新思考博物馆的身份认同：你是谁？你是做什么的？你做得如何？

**小贴士**

- 如果你想让项目按计划有效进行，委任一个项目负责人或项目协调人。
- 确认你的汇报机制是健全有效的，调动项目中的每一个人。
- “发现”阶段很费时间，但它能论证之前的设想，并带来一些调整。这个阶段的负责人必须拥有使项目继续前进的权限。

## 博物馆的参观者是谁？他们对展览主题了解多少？

参观你的博物馆的观众是哪些人？他们为什么来参观？了解这些对于确保博物馆能提供足够良好的服务非常关键。你的参观者们大多是年轻人还是老年人？是外地游客还是本地人？他们说中文吗？他们是专业人士吗？他们远道而来只是为了这个展览，还是刚好在一个下雨天路过而进来避雨而已？有老师带着的学生参观者吗？有全家一起来的家庭参观者吗？有为了来寻求宁静、安详和思想启蒙的人吗？

参观者们在参观前对展览主题了解多少这一点很难判定，因为对于“背景知识”的了解程度会受到各方面的影响，如电视节目、其他媒体或者学校教育等。所以有必要浏览一些目前正流行的书籍、网站以及杂志等，看一下它们是怎样处理与本次展览主题相类似的话题的。错误的概念有时会被传播得很广，你不能忽视当下盛行的甚至是有偏颇的观点。

**小贴士**

与博物馆的参观者或者比较了解参观者的人（如：博物馆工作人员、义工等）聊聊，看看他们是如何回答这些问题的。

## 你希望观众在参观后得到些什么?

博物馆参观可以带来不同的收获。当人们来到你的博物馆时，你希望他们从参观体验中得到些什么?

- 信息、事实和数字
- 更深刻的理解
- 态度或行为的改变
- 新的技术
- 采取行动的动力
- 灵感
- 创造力
- 享受

观众往往只关注一些他们已有所了解的内容，但你可以给他们提供更多。你的心里必须清楚你希望新展览具体在哪些方面得到改善。一个含混的回答（比如："使博物馆更好"）并不能为你的计划的实施提供任何帮助。

## 你有哪些评估数据? 你需要哪些?

如果你的博物馆已经收集和分析了观众对展览的评估和反馈，那就花点时间分析这些数据。同时，你也应该开始从非观众那里收集信息。

在展览改造或对博物馆进行任何调整之前掌握一些基本的评估数据是很重要的，因为这可以让你了解当前参观者和非参观者是如何看待这个展览和博物馆的。这也是一个用来预测目标观众对你的改造计划会如何反应的好机会，因为他们的反应将影响你未来的计划。

基本评估是整个评估过程中的第一步（第二步是形成性评估，当你可以测试你的发展计划时就可以进行形成性评估；而当你的项目完工时你可以进行第三步骤——总结性评估）。评估会使你的展览方案有方向性地发展，评估也可以用来检测你的预定目标是否达到。你需要一个前后一致的评估系统，这样你才可以进行有效的比较并查看差别。

在评估过程中需要考虑以下几方面：

- 谁来做评估？
- 谁是你的目标观众？
- 你将使用哪种评估工具？
- 你将如何处理评估数据？

一个合适的专业化的评估可以为你带来非常有价值的信息。但这是项费时费力的工作，需要收集和分析数据。你可以自己做，也可以雇用第三方机构来做。

有效的评估应向目标观众询问他们在参观过程中的印象、兴趣点和他们的知识背景。评估的重点是你查看希望观众能获得的体验是否达到。

有许多评估工具可供选择，最明智的做法是选用一套组合式工具，以保证你的样本和评估结果的有效性。重点小组是评估中常用的方法。通过重点小组，评估者可以收集丰富的定性数据，比如他们对展览的印象、设想、感觉以及认识等。在这个过程中，评估者也能兼用其他评估工具，如头脑风暴、即时贴便条、白板、展厅里的可视化资料、展览的设计模型等。在重点小组评估时，多选用开放式问题来引导大家讨论。评估过程中收集到的信息要存录下来，并形成文字进行分析。

**博物馆人的心得：**

当然，你所选择的评估工具必须适合你的具体情况，比如，针对孩子就需要选择好玩的、互动性强的评估方法。

——Nicky Boyd

为你的重点小组找到合适的人员可不是件容易的事，尤其是博物馆想要“非参观者”时。我一般从当地的购物中心或其他博物馆尤其是在博物馆的餐厅里找到我需要的人员。这个很花时间，而且你必须很有创造性。

——Jane Seaman

重点小组需要专业的管理，以保证这个小组能够专注于手头的任务。小组的主持人要讲合适的语言、用恰当的语调；保证每人都有发表意见的机会，不让单一的声音做主导；保持客观；掌握时间进度，在团队偏离进度的时候及时把团队拉回原轨道。

——Alison James

一旦收集好了数据和资料，你需要把这些数据和资料给所有参与这个展览的人看。这些人包括策展人、设计师、教育人员、出资人以及决策人。你可以把你的评估方法和发现结果做成书面总结，你会意识到这样做非常有价值。当然你也可以通过口头和视觉的方式展示你的发现结果。

注意：不要个人化地对待反馈意见。聆听参观团体对你的博物馆的评价可能会很不好受，如果你的博物馆还没准备好去处理这些意见的时候就先不要去采集，待准备好了再行动。把这个当作机会而非威胁。这是一个机会，可以借助不同的眼光来看待你的博物馆，可以找出你的观众们真正的需求，从而可以利用所采集到的信息去制定你的计划。

**博物馆人的心得：**

我们的基础评估非常不乐观。我们明白情况有多糟糕，这也是为什么我们如此急切地想对此做些改变。……如果用一个专业评估团队去招募重点小组并实行这些步骤将会带来很大的不同。大家会给出更诚实的意见。这个对于我们来说有用多了。

——格兰特博物馆

重点小组想修改展览的年代顺序，同时也想知道一些在学校里学不到的有趣的故事。所以在讨论展览的总体概念时，重点小组评估使我们决定扩大展览的故事面，尽可能地涵盖重点小组提到的方面。

——布罗姆利博物馆

当我们听到目标观众在说——“伦敦运输博物馆一点也没有创意。你们只想着那些陈旧的过去，缓慢，不作为，陈旧，古板”（年轻观众），或是说“如果你是个孩子或是个热情的人，那这个博物馆还不错，但是对于其他人，这个馆就不怎么样了”（中青年观众），我们知道我们的确需要改变了。

——伦敦运输博物馆

对于杰弗瑞（Geffrye）博物馆，我们过去习惯于基于研究和学术进行工作。向观众询问他们想看什么对于我们来说是一个全新的、刺激性的体验。

——杰弗瑞博物馆

第一个重点小组中的某些人对这个博物馆感到“情绪上的温暖”，但他们想了解更多的不同的信息——“我想了解其社会、经济、政治背景……”“我希望了解更多的事实，尤其是那些奇怪的、离奇的、能够留在脑海里的小片段”。

——杰弗瑞博物馆基础评估阶段笔记

### 馆藏的强项和弱项各是什么?

对待这个问题你必须诚实。每一件文物都有它的故事，但随着时间的改变，30 年甚至 10 年前非常有趣的东西现在也许不再能抓得住观众的心。但是如果你调整一下故事，或许可以重新吸引观众。另外，新近发生的事情也许会为这些旧藏添些风味。总之你必须确保你的文物能够闪光。

只有故事才能吸引观众，所以你要做的是在众多的可能性中选择最合适的一种，为展览讲述一个连贯又令人兴奋的故事。

你的博物馆之所以存在是因为它有值得展示的东西，你需要整体考虑馆藏的强项和弱项，从而构架起展览的总体陈述，这个陈述能有机串联起展品，激发观众的兴趣。

你的馆藏体系中也许有缺环，一定要把所缺失的部分一一记录下来，只有这样你才能有系统地去尽可能想办法填补。仔细分析馆藏的优势劣势，发挥创意，扬长避短。

**博物馆人的心得：**

我们的弱势是藏品太少，而且没有与布鲁内尔父子个人相关的藏品。但是，我们能为观众提供一段隧道行程、一段体验。对于这一点，我们的想法也有了很大的转变。当观众问道“我们能进入隧道吗?”，之前我们会回答“不行，要买地铁票才可以”，而现在我们会说：“可以，有地铁票就可以。”

——布鲁内尔博物馆

**练习**

找任意一件你想展示的藏品（如茶壶、贝壳、首饰等），把它放在一张大纸的中间，然后开始写你所能想到的所有关于它的故事，如：

- 它的主人是否非常有名？
- 它来到这个博物馆时是否有什么有趣的事？
- 它是否是一套重要物品中的一件？
- 是谁制作或是发现了它？
- 它具有典型性或是不同寻常吗？

**小贴士**

- 你的藏品对你来说是否太熟悉了？你还能清楚地“看见”它们吗？不妨借助于其他人的眼睛去看一下你到底拥有些什么。
- 在一线工作的员工或志愿者，他们常年跟参观者打交道，也许更知道哪些展品最受欢迎、哪些常被观众忽略。
- 尝试仅仅用20幅图片向一位观众介绍你的博物馆，这可以帮助你认识到哪些是你博物馆最重要的特点。

## 你的故事是什么?

博物馆的藏品大多有着很多故事，就看你从哪个角度讲述，比如以下几件：

| | 整套中的一件 | 相关的人物 | 作为文物 |
|---|---|---|---|
| 塔斯美尼亚虎（Thlacinus cynocepalus, Tasmanian tiger） | 是一个完整的类型系列中的一个 | 被“达尔文的坚定追随者”赫胥离解剖过，也是赫胥黎的收藏品之一 | 有袋类食肉动物，现已灭绝 |

（续表）

| | 整套中的一件 | 相关的人物 | 作为文物 |
|---|---|---|---|
| 泰晤士隧道 | 是隧道和桥梁系列中的一个 | 由 Marc 和 Isambard Kingdom Brunel 父子设计。前者因此而毁了人生，后者几乎由此丧生 | 世界第一条水下隧道，被称为“世界第八奇迹” |
| 教堂大钟（公元1340年） | 是中世纪铁器收藏系列中的一件 | 由 Peter de Weston 制作，他的妻子 Matilda 和儿子 Thomas 都死于黑死病 | 历经650年后依然在使用 |

（我们的）藏品中有许多精品：古代巨鸟骨架、斑驴、布拉斯卡（Blaschka）父子做的模型等，难的是要找到可以形象地解释分类学的方法，同时还能讲述重要标本背后的故事。

——格兰特博物馆

### 你的博物馆还有哪些其他资源?

除了藏品之外，博物馆通常还会有其他资源。不要忘了馆里的图片档案、口头历史档案等，也不要忽略那些放在角落的东西。你的博物馆也许正位于一个著名的地区或著名的大楼，又或者附近有一些名胜等。记住：这些资源能帮助你更好地发挥本馆优势。

智力资本和研究能力也是极其有价值的。负责清点本馆“其他资源”的人应该把博物馆的研究员、行政人员、志愿者或其他各类专家所掌握的知识也算在内。

### 你的展览独立吗?

你的展览独立吗？还是与其他展览或其他部门有交叉？或者，需要依附或服务于其他部门的工作？这里考虑的不仅仅是其他展厅，也包括所有相关的其他部门和机构，甚至是博物馆的网站和印刷品。对于博物馆的传播来说，上下文或者语境非常重要。

### 你对成功的评判标准是什么? 是如何评判的?

评判展览是否成功取决于你的目标是什么。也许你只是想简单统计一下参观者的数量，或者检验一下展览是否成功地吸引了目标观众；你也许还想观测一下你的参观者们一般在馆内逗留多少时间，他们是如何看待这次博物馆体验的。这些评估很重要，了解观众在参观后有哪些收获对博物馆意义重大。

## 2. 仔细消化你的发现

发现阶段的工作是很有趣的，但并非一直都令人舒服。当你让外人用他们全新的眼光去看你的展览时，他们也许能比你预期的看到更多，也可能更少。看到观众从你最珍爱的展品旁直接走过，或对于你精心制作的展板无动于衷，这无疑很令人沮丧。

认真地想一下怎样与你的团队分享你在这阶段所发现的结果。团队中的每个人都应该基于这些发现结果思考下一步的行动。通过发现阶段的工作，你已经掌握了关于你的博物馆现存状况的各方面客观、详细的信息，现在，你可以充满信心地在第二阶段“创作”中去撰写展览的诠释方案了。

## 二、创作——你想要说什么？谁将会聆听？

在项目的创作阶段，你需要明确地知道你想要做什么、你在为谁做。在这个阶段开始的时候，你的团队必须就展览的本质和目的相关的关键问题达成一致意见。一旦达成一致，就把这些意见写成诠释策略文案保存下来。这份诠释策略是项目所有文件的核心，它明确阐述了项目的目标和范围，也列明了实现项目的目标所需要的信息、图片和其他资源。你可以与你的同事、出资人、设计师等合作者分享这份文案。

展览的“诠释策略”包括以下内容：

- 这是一个关于什么的展览？
- 这个展览将如何讲述故事？
- 向谁讲述？
- 以哪种声音讲述？
- 为什么？

一旦“发现”阶段的工作结束，你就需要组织另一个工作会议从而开启创作阶段。这个工作会议需要达成的目标是：

- 团队各位成员对展览的预设计思想达成一致
- 为团队提供一个撰写诠释策略时需要遵循的结构或框架
- 分享技能，同时激发新的创意

4
d friends of Royalty came to live
This part of Kent was well connected
so it was an ideal place for a house.
anted to live in the peace and quiet
VIII seized church property as part of his
n Orpington land belonging to the Priory
Canterbury, was given to Sir Percival Hart
ho became the new Lord of the Manor.
What's the Story in
1339?
Who are you?
My name is William de Rokesley. I am 12 years old
and live at Ruxley Manor with my parents.
Why are you called de Rokesley?
Our surname, Rokesley (Ruxley), is the name of where
we live in Kent. Our ancestors were Norman and fought
well in battle, and became knights.
Wow, that sounds impressive!
It should do – we are a very rich and important
family, and own lots of land! As well as Ruxley we also
own the manors of Sentling and Ackmere, which are near
St Mary Cray.

- 增强对博物馆传播渠道多样化的认识，不要局限于博物馆的传统文本交流

**经验分享：**

- 项目过程充满变化，要让对项目有决定权的人持续地、深入地参与项目。
- 花点时间与你的团队达成共识。
- 要开上好几个讨论会才能让团队解放思想，去接受展览文本的其他表达方式。

我们的发展计划中有关于新展厅的设想和框架，但来自外部的提问促使我们去阐释我们的想法，并回答一些关键的问题。

——杰弗瑞博物馆

一开始我们以为做诠释策略是件很麻烦的事，但是等我们着手做了以后才意识到这么做非常值得，因为它很好地集中了我们的注意力，使我们开始考虑展览的概念设计、空间布局、主题诠释等问题。事实证明这么做很有价值，而且把观众考虑进去也是非常正确的。

——布罗姆利博物馆

决策通常是由在现场的人做出的。如果你想要你的博物馆有些新变化，你最好要在现场。

——TGA Ltd.

要撰写诠释策略，你需要知道以下问题的答案，而能找到这些答案的最佳人选莫过于展览的项目协调人。项目协调人需要意识到：这是一个逐步寻求和达成共识的过程，这个过程很可能非常艰难。当人们对某个主题满怀激情的时候，他们对所存在的冲突几乎视而不见。一定要好好珍惜这种激情，因为这种激情就如同博物馆的鲜活血液，它能够吸引和启发参观者。

**小贴士**

- 头脑风暴是使不同的想法达成共识的一个很有效的方法。
- 遇到难解的问题不妨试一下“框外思维”：邀请外部的人来进行一两场座谈。记者、出版人、广播电视制作人等很能胜任这个角色。他们的思想观念或见解也许可以激发你认识到一些全新的可能性。

## 1. 创作阶段需要考虑的问题

### 这是一个关于什么的展览?

这个问题是决定所有其他问题的关键。如果对展览没有一个清晰的概念，你很容易会把各个发展方向都容纳进来，以至于最后把什么方向都丢了。尝试用一句话去概括这个展览，这会很有帮助。当你明确知道这个展览是什么的时候，也同时明确了这个展览不是什么，以及你需要舍弃什么。要做好心理准备，做这些决定不是件容易事。

**小贴士**

- 这个问题比想上去难多了，做好心理准备！

- 避免简单罗列展览的内容、展品和教育目标。
- 列出展览的主题和设想，从中作各种选择、舍弃和组合，直到得出令你满意的展览的“中心思想”。
- 使用标语的形式。

每个展览都要有一个“中心思想”，即用一个句子凝练出这个展览的主题。设想面对一个对该展览一无所知的人，你会如何推销你的展览呢？通过这样的一句话陈述，即使是大型复杂的展览也能保证主题不至于分散。

**布鲁内尔博物馆的中心思想：罗瑟西德（Rotherhithe）的布鲁内尔隧道**

所有的说明都可以表述成“隧道与……”，这使得博物馆可以不受时间顺序的限制，广泛地讲述与隧道相关的人和事的故事。

隧道与泰晤士河

隧道与马克·布鲁内尔

**布罗姆利博物馆的中心思想：布罗姆利的历史之旅**

地板上一级级石阶铺成的时间年表带领观众从公元前5000年走至现在。

**格兰特博物馆的中心思想：自己探索，自己发现**

每件文物背后都隐藏着许多精彩的故事。格兰特博物馆的诠释方法是：把探索文物背后的故事的快感和乐趣传递给观众，赋予观众“亲自探索、亲自挖掘”的角色。

## 这个展览是给谁看的？

博物馆通常是面向公众的，但是“公众”并非是一个同质的整体。你需要迎合公众中的某个特殊群体吗，比如那些对你的资金有影响力的人，或是那些最有可能来参观你的博物馆的人？你希望去吸引那些之前从未来参观过的新的群体吗？现实中会碰到许多理由让你选择这部分而非那部分观众，但是你若想成功地实现你的目标，必须提供足够吸引他们的东西。把目标观众装在脑子里可以在你做展览的过程中时时提醒你如何使用设计和文本来更好地吸引他们。

不明确目标观众、不作调查去了解观众对展览主题的了解和兴趣，这样的展览只能吸引与策展人具有相同专业水平的观众层。

——Eileen Hooper Greenhill, 2000

我们遇到的挑战是如何服务于那些一年四季都来参观、淡季也不例外的观众，尤其是那些对博物馆的艺术和收藏表现出浓厚兴趣的人。另一个比较重要的观众团体是那些热切地想在博物馆的展示中找到文化遗存和个人经历的伦敦本地人。我们通过观众咨询与这些观众交流，在他们的兴趣和我们的收藏中找到“关联点”。

——伦敦运输博物馆

因为布鲁内尔博物馆现在正着力于学校教育，所以我们的重点就是吸引和告知那些处于国家教育二年级（7—11 岁，译者注）并且住得离博物馆比较近的孩子。博物馆里放置的信息需要优先考虑教育方面。针对那些对某些具体知识感兴趣的观众，馆内设有介绍性小册子，还有对他们去其他相关地方参观的专门性建议。

——布鲁内尔博物馆

我们之前的展览说明效果不佳，部分原因是因为我们既想定位于普通大众，又想定位于大学生。这个博物馆用于大学生的课堂教学、中小学生的课堂教学、周末固定的公众活动，博物馆会员则通常是下午一点至五点来参观。前三个群体参观时都有专业人员带着，所以我们决定把我们的诠释说明定位于最后一个群体，他们大部分是非专业成人。

——格兰特博物馆

有很多方式会让人们对你的博物馆望而却步，使参观者觉得自己很愚蠢就是其中最有效的一个。

——TGA Ltd.

## 展览将使用哪种口吻?

一直以来，博物馆习惯使用一种专家式的理性、精确的口吻。那些提倡使用其他口吻的建议往往引致惊奇和震动。对权威性、学术严谨性的追求与希望吸引和教育非专业观众的愿景常常相冲突。在这一点上，观众则比博物馆更开化。他们早已习惯了各式口吻，甚至都不用仔细分析这些口吻。在生活中，他们看的报纸、杂志、各种小册子和广告都使用不同的口吻传播信息；他们理解有些场合对俗语或简略语的需求，也明白教师或银行经理使用稍正式口吻的必要性。也就是说，现今的观众具有灵活自如地从一种口吻转换到另一种口吻的能力。所以，当博物馆不假思索地选择“友好的专家”口吻时，不妨先想一下这是否是与你的目标观众交流的最佳方式。这种“学术的或官方的”口吻是否能吸引观众的注意力，并使他们在接受知识的过程中充满热情。如果答案是否定的，那就尝试换一种口吻吧。

**练习**

在博物馆的收藏中挑选一件你最喜欢的物品，或是在博物馆的众多特点中选择一个你认为最主要的特点，设想你正面对着以下观众，把这个物品（或特点）讲解给他或她听：

（1）一位来自别的博物馆的专家

（2）一个认真聪明的7岁大的孩子

（3）一个无聊的少年

（4）一个没有专业知识但很友好的成年人

（5）一个母语不是中文的成年人

你用了相同的口吻吗？你转换了哪些词汇？你成功地向那个孩子讲明这个物品的本质了吗？你引发他们的兴趣了吗？如果没有，请找到一种更合适的口吻去激发他们的兴趣。其他的一些口吻，比如与展品相关的当事人的口吻、第一或第三人称口吻、新闻报道式口吻，也可以尝试一下。

儿童和十几岁的少年对同龄人所说的话特别感兴趣，所以你也可以考虑让展览采用一些比较年轻的口吻。你不一定要把什么都讲出来，可以留点空间供观众去思考和探究，甚至让他们得出自己的结论。

**小贴士**

- 召集一个试验组，其中包括你的目标观众，看一下他们会为你的博物馆选择何种语调。
- 稍大一些的儿童以及十几岁的少年很愿意被别人咨询。不知道如何与孩子打交道？向当地的学校和老师寻求帮助。

• 注意下意识的反应。如果与试验组观众的谈话让你不舒服，让你不由自主地在心里发出“俗气”“庸众”“八卦小报式”“观众受教育太低”这样的抱怨，你应该好好思考一下为什么你的反应会如此强烈，你能离开你的舒适区，去接触一些新东西吗？

抛弃专家型的口吻会对你处理展览的文物、文本和图片产生实实在在的影响。针对孩子的语言会更朴实，与针对成人的语言截然不同。如果你要展示对同一件展品的两种不同观点（比如对一份东印度公司的文件有亚洲和西方两种观点），不妨把这两种观点之间的区别用视觉化的手段明显地展示出来。

为展览的诠释选择合适的语气或口吻是影响博物馆参观体验的重要一环。项目的所有参与人都必须理解这一点，并采取相应行动。

我们设计了三套面向儿童的视觉方案，并在基本评估阶段进行了测试。重点小组喜欢用大写字母的那套方案，并且希望使用亮色调粗体字，从而更吸引人目光。比起中世纪风格字母，他们更喜欢卡通字母。他们还希望展厅有供孩子参与的节目，比如乔装改扮等。家庭型参观者非常喜欢带有“揭谜底”活动的展板，这些属于主动型学习行为，他们喜欢自己探寻问题的答案。他们希望展厅能设置很多这类活动。

——伦敦博物馆

## 展览将提供哪些不同的参观体验？

一般说来，参观者都喜欢与展品和展览文字进行各种形式的互动。另外，由于不同的人有不同的学习风格，可以提供多种方式供他们自由选择。

**小贴士**

- 不能为了多样化而多样化，必须确认你所提供的多样选择适合你的观众，并且与整个陈述结构相协调，同时也切合展览的中心思想。
- 重点小组经常提出要高科技互动技术，这些很可能超出你的预算。看看是否可以转而用一些价廉物美的，比如这些：
- 触摸式体验
- 揭盖子/转轮子/猜猜我是谁
- 装扮或角色饰演

> 如果四处转了一下发现仅仅是一些很平常的信息，我就会感到无聊。如果发现角落有一些互动性的东西，我就有兴趣继续参观了。
>
> ——一位孩子在伦敦博物馆的“总结性评估”中的评价

观众常会用“互动”或“主动学习”这些词汇来表达他们“展示给我看但不要跟我说，让我自己动脑筋去发现答案”的要求，所以，可以考虑采用以下方式：

- 侦查式：提供问题和线索，启发观众思考并自己寻找答案。
- 互动娱乐：利用展示材料吸引观众参与，鼓励他们进行讨论和团队互动。

- 文物引导型解释说明：建立一种专业权威式文物说明，让参观者觉得只有在这家博物馆才能得到这种体验。
- 专家引导型解释说明和现场讲解：参观者喜欢与人交流，但是担任引导和讲解的专家必须足够优秀，因为当他们与观众交流时，他们就代表了博物馆。
- 信息的及时更新。
- 档案可供参观者查阅。

## 你有哪些资产？你还需要些什么？

电影制作行业常用“资产”（assets）一词来表示制作一部电影所需要的所有的必要材料。在博物馆展览上，“资产”则指展品、图片、文本、视听资料以及互动性展示，也包括展览所需要的信息和研究，甚至展品的修复和保存。最重要的是，“资产”意味着人们所花费的时间。

你需要对已经拥有的和还需要获得的资产做一个清楚的审计。做这项工作的时候一定要实事求是。一旦对已有资产和所需资产有了清楚的了解，你就会明白自己所计划的这个展览是否可行。不要着手那些你没有或无法获得相关资产的展览。同时，如果想把故事讲得更全面、更丰满，以吸引更多的观众，除了文物之外你也需要收集更多的相关资料。

## 你将如何组织展览的叙事结构？

当展览向公众开放时，观众就将走进你的叙事了。他们将从某个地方开始参观，至某个地方结束。对于他们来说，这两个地方就是故事的开端和结尾。他们边走边看，边接受展览传播给他们的信息。在构建你的故事情节、确定其顺序和节奏、决定在何时讲述何种信息的时候，要结合考虑现实中的展厅空间。要充分合理地利用展厅空间的特点去烘托展览的主题、展开故事陈述。信息带给观众的影响力取决于这些信息位于整个展览空间的何处，这个展览的参观体验的高潮和低调处各在哪，观众将如何知道先看到什么、再看到什么。

因此，故事情节的顺序是非常重要的，可以好好利用展厅的空间形式，引导参观者按照你设计的顺序去参观。这一点上空间设计师们最有经验，可以的话咨询一下他们。一个好的设计师不但能采纳你的设想，而且能把它很好地表现出来。现在是开始计划如何讲述故事的时候了。采用三维设计能让你对展览空间有一个很直观的感受。展览空间本身的特点就已经提供了一个叙事的逻辑结构。这个道理不仅对单幅展板设计适用，对整个展览甚至整个博物馆都适用。

博物馆在空间格局上的限制也必须考虑在内。例如：布鲁内尔博物馆展厅中有一个巨型的与展览毫无关联的引擎；布罗姆利博物馆有一座被列为历史文化遗产的楼，布展的时候就不得不注意小心对待那些承载着历史的墙壁；格兰特博物馆根本无法移动展品和展柜。尽管如此，他们还是找到了合适的展览方式，使展览尽量不为空间局限所影响。

如果按照时间顺序去讲述修建隧道的十五年历史毫无疑问会显得繁冗重复。十五年中，诸如发洪水、破产等事情以惊人的重复率发生着。于是我们决定把隧道本身作为主线，把它与其他不同的主题相连，如“隧道与危险灾难”“隧道与马克·布鲁内尔（Marc Brunel）”。另外，由于展览的参观顺序受博物馆空间结构所限是固定的，这就使我们可以用参观主线串起不同的主题。

——布鲁内尔博物馆

不管是有条件自己设计展厅空间，还是必须按照固定的展厅布局工作，你都必须了解这种展厅布局适合哪些叙事方式。这里列出几种经典的博物馆展览参观线路类型。

（1）“肠”形：固定的、单线参观路线。其特点是：

- 参观路线是预设好的，观众按此顺序从头至尾参观展览。
- 适合按时间发展或逻辑顺序强烈的故事。
- 给观众情节逐步展开的探险之感。
- 无法进行前后对比，固定的参观线路较难回去重看。

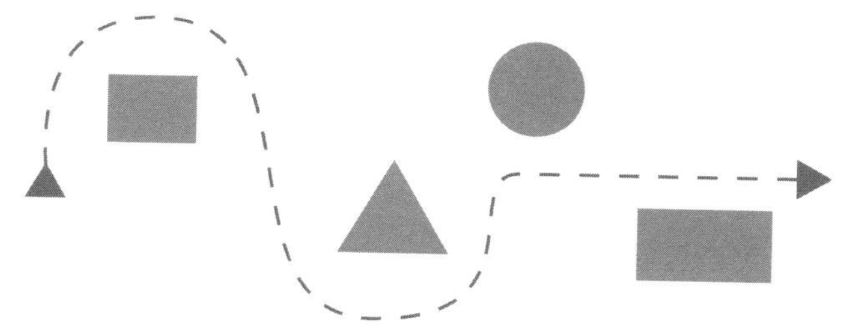

（2）“一眼瞧见、再看一遍”形：看完展览时又回到出发的地方，得以用新的眼光再看一遍第一眼看到的东西。其特点是：

- 观众参观时第一眼能看到最重要的文物，在参观结束刚好回到开始的地方，得以用新的眼光重新审视已看过的东西。
- 适合展览中重要文物的展示或重要信息的传播。
- 能给予观众一个全新的审视角度。

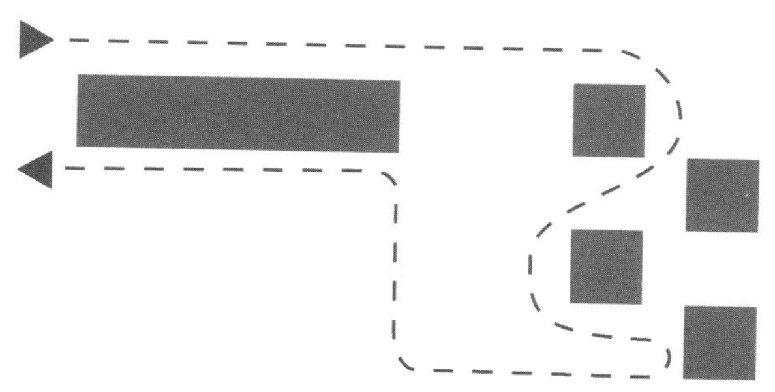

（3）“弹球”形：开放的展线，任意参观。其特点是：

- 观众可自由选择自己感兴趣的展品观看，任意选择顺序参观。
- 适合主题式展览，观众可在参观中进行比较。
- 不适合时间顺序式或有强烈逻辑结构的叙事。

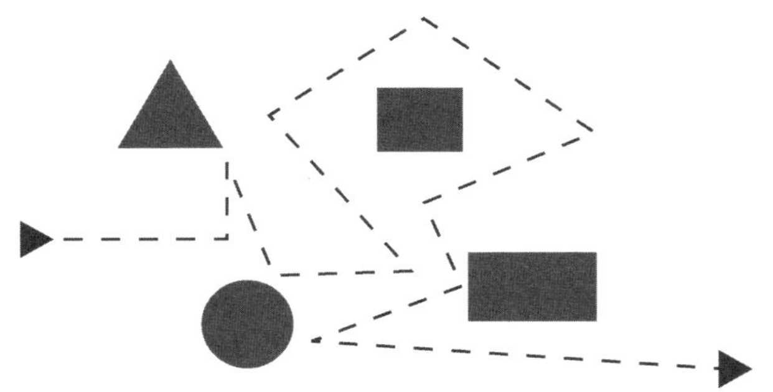

（4）“中心英雄”式：一个中心，四周其他展品或材料都为之服务。其特点是：

- 展览最核心的展品置于展厅中间，展厅四周的其他展品和展示都与这个核心相连。
- 适合有单件明星展品的展览。
- 适合主题式叙事。
- 不适合时间顺序式叙事。

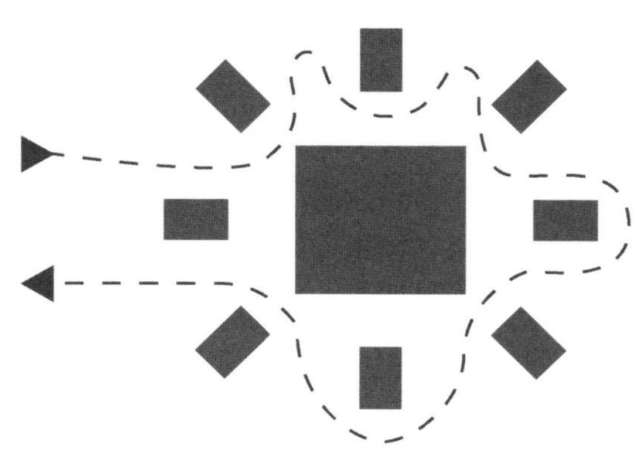

确定叙事结构不仅可以让展览有一个整体定型，也有助于你选定故事的主要部分。在这个过程中，要注意这几个影响因素：你的“明星展品”是什么？哪部分内容你有足够的图片资料？故事最激动人心的高潮在哪？你想让参观者在哪些地方停留并做出回应？

下列问题可以帮助你思考并确定叙事结构：

- 这个故事必须按照一定的顺序去参观才能被理解，还是参观者任意参观也能很容易理解？
- 观众需要在参观前先了解一些相关知识吗？
- 时间顺序对这个展览是否重要？如果是，你想让展览沿着一个宽泛的时间顺序展开还是以关键日期为线索？观众需要严格按照时间顺序参观吗？
- 你的展览注重主题吗？如果是，你是否想要一个更敞开的结构以进行横向比较？
- 展览材料是否存在一个逻辑上的主次结构？
- 你能把所有的故事整合在一起，让观众自己选择想要继续观看的内容吗？
- 你能把你的故事分层吗？这样，在讲述的每个阶段都有事实、观点、个人故事以及互动探索材料等元素。
- 你想留下一个开放式结尾还是想总结出一些结论呢？

> 以前我们的展览是一个弹球结构，没有明显的参观路线指示。观众停下来看一看，感到很困惑。20 世纪 90 年代的时候我们开发了“儿童地带”引导孩子参观，我们发现这种引导对成年观众也很有效。因此我们准备为参观者设定一个固定的参观路线，基本上以时间为序。
>
> ——伦敦运输博物馆

### 2. 制定你自己的诠释策略

如果你已经回答了在“发现”和“创意”阶段的问题，你就有了制定诠释策略所需要的信息。

项目进行至此，目标和激情都消耗得差不多了，合作伙伴之间起摩擦或有意见分歧很常见，互相妥协很有必要。务必记下你们已达成一致的东西，把它们精心撰写成文，有了这份撰写精彩的文字方案，你就可以去游说博物馆的理事、潜在的资助人和其他相关人员了。它也能帮助你更好地与你那些富有创造力的专业顾问们打交道。有了这份诠释策略案在手，你就可以开始实施你的展览计划了。

**小贴士**

- 若是有人对展览有一个“精彩的构想”，用你的诠释策略测试一下，看这个构想是否与展览目标相协调，是否会把你拽入其他方向。
- 如果团队里有意见冲突，可以考虑把这些意见用在你的目标观众上试验一下。

## 三、实施Ⅰ——寻找和组建创意团队

项目的实施阶段需要你和创意团队合作，双方共同推动项目的行进。但是首先，你需要寻找并组建你的创意团队，优秀的创意团队是项目得以成功的保证。

如果你手头有其他项目还未完工，则先不要开始这个项目。项目

启动的时候，要保证有足够的资金可以雇用额外的工作人员。尽可能把大项目分化为具体的任务或小型项目，这样可以节省人工，你的时间可以更好地利用。

确保你有足够的时间在管理项目的同时又能发挥创意。项目管理千头万绪，这会使你很难找到时间好好地思考你的诠释策略和展览文本创作。

进行项目咨询需要花费大量的时间。不管是向公众代表咨询，还是定期通报你的团队，或是向博物馆的理事会做宣讲，都需要时间去准备和组织。而且你必须留出时间给他们消化和评论，这样你的咨询才有意义。

小贴士

- 如果你不认识任何设计师、文案撰写人或图片处理师，向附近的大博物馆寻求推荐。
- 项目开始前就要明确总的预算。
- 在投标邀请发出之前先打电话给这些公司问问意向，以免把资料发给那些不感兴趣的公司。

**寻找创意团队的小经验：**

- 设计不仅仅是针对大型项目而言的，它也能使一些小项目得到改观。
- 即使是小型博物馆也可以为他们的项目公开选择设计师，从中找到最合适的设计师。
- 在准备创意简报上花时间会使整个项目受益。

你的首要任务是组建一支理想的创意团队，并向他们介绍项目的情况。团队成员包括诠释策略撰写人、图片处理师、设计师、文本创作人员以及美术编辑等。你可以从馆内抽调人员，也可以外聘专业人士。除了那些实力雄厚的综合性大馆，一般从外聘请专业人士的情况为多。

项目开始之前你需要认真考虑两个问题：第一，你有多少时间可以花在这个项目上？第二，你希望外聘专业人士来承担哪些任务？比如，你可以让他们做项目的创意部分，或仅让他们负责已成熟计划的实施。在合作方式上，你可以选择与他们共同做项目，或给他们空间让他们自由发挥。但你必须讲究切实性：如果选择与外聘团队合作完成，你就需要保证自己将花在项目上的时间；如果你想彻底放手给外聘团队做，你必须有足够的钱来支付他们的服务。

所以，你必须首先明确你所需要外聘专家来担当的角色，然后根据你的诠释策略准备一份简报（或称招标书）。这些专业团队就可以通过投标对你的简报做出回应，你可以从中选择你的理想团队。

**写一份有效的创意简报：**

- 紧紧围绕你的诠释策略：不同的人有不同的意见和想法，这很可能会使你偏离原来的路线。要记住诠释策略是把整个团队整合在一起的东西。

- 写出创意人员需要了解的内容：这并非意味着写下所有的信息，太多的信息反而使人困惑，而是要尽力去启发他们。你要保证你有足够的背景知识和资源提供给他们。

- 花点时间了解一下投标团队的特点和技能，可以看一下他们之前做过的项目。

**小贴士**

- 负责创意部分的专家应在博物馆展厅实地工作。他们必须对展览空间的特点和潜力具有敏锐的捕捉能力。
- 确保团队里有熟悉三维设计的人员。

## 编写创意简报（展览招标书）

编写创意简报所需要的信息很多都可以在诠释策略里找到。这只不过是再次明确一下每个外聘专家各自的职责，让他们明白他们不必面面俱到什么都做。创意简报一般分为五个部分：项目简介、诠释策略、创意设想、答标要求、其他实际问题。每部分的详简程度取决于具体项目需求。在任何情况下，诠释策略都是整个简报的导航灯，防止你偏离项目的方向和宗旨。下面详细介绍一下各部分可包括的内容。

### 第一部分　项目简介

简报一般以项目介绍开头，内容可包括：

- 对该博物馆和该项目的描述
- 项目规模
- 博物馆特点
- 项目的起因（例如：重要的周年庆、新展馆开馆、展览改造等）
- 实施该项目的时间和进度表

接下来简要介绍一下项目的实施方式，阐述招标的目的和需求，内容可包括：

- 合作方式和外聘团队的工作范围

- 已有的决策和计划
- 博物馆内部团队的角色和职责

## 第二部分　诠释策略

对展览的诠释策略作一个概括性介绍。专家们不大可能阅读整个诠释策略方案，所以你需要准备一个简述版，扼要地阐述诠释策略的要点，如：

- 该展览是关于什么的？
- 该展览是给谁看的？
- 展览的关键信息和关键目标是什么？

然后告知项目已经作出的决策，比如：

- 要达到的参观体验
- 展览将采用的语气、语调、口吻
- 展览的故事线
- 可供展览所用的各项资料以及它们各自的重要程度，不仅包括展品和图片，也包括视频、音频、现场活动等这些对构建参观体验举足轻重的资料

**关于参观体验的描述：**

- 这个展览是否想要鼓励观众去探究、去独立思考并从展览中找到一些证据去证明自己的思考？展览想要什么程度的多样性或一致性？
- 这个展览以文字还是图片为主导？
- 展览的文本是独立于其他辅助性解释资料（例如图片、物品等）还是与它们相辅相成？

## 第三部分　创意设想

这部分主要供文本创作人员、设计师和研究人员阅读，着重于展览的设计和创意。你需要清楚地说明展览设计中的哪些方面需要这些外聘专家们贡献创意，哪些方面已经有了定论。一定要详细阐明展览想要追求的参观体验，因为这将引导他们更有效地对展览进行创意设计。

你需要为文本人员、设计师和研究人员量身定做不同版本的创意简报。

**一份给图片研究员的简报需包括：**

- 展览所需的图片列表
- 版权方面的预算
- 项目进度表
- 展览的具体信息（如：展地、版权所需期限）
- 图片风格倾向

**一份给美术设计师的简报需包括：**

- 项目背景
- 展览目标：欲传播的信息和主题
- 展览在对谁交谈，有没有来自目标观众的反馈可以对展览的创意有一些启示
- 展览将对观众说些什么——内容大纲和故事线
- 希望展览的美术设计呈现哪些特色（引人入胜？饱含信息？鼓舞人心？有教育意义？妙趣横生？）
- 有没有特别倾向的美术风格（当代？线性？例证？历史？）

- 是否需要多种语言的设计
- 进行该项目大致需要解决哪些问题，是否还存在一些不确切的事项需要在项目中引起重视的
- 有哪些现有可用资源，有哪些目前还没有但未来会提供的资源，是否需要提供一些绘画设计，在这些方面是否有一些严格的指导方针
- 可能的设计成果——展览空间、设计、预算等事项常常可以决定最后效果
- 项目进度表和完工日期
- 联系方式

### 第四部分　答标要求

简报中要阐明答标方式。你可以要求投标方：

- 提交创意方案，让他们证明自己的创意能力，例如：他们将如何通过创意手段使展览最大可能地吸引目标观众。
- 现场介绍之前所做过的一个项目，阐述这个项目对现在这个项目的借鉴意义。

简报也要说明答标的评估方式：

- 注明投标书的规格要求
- 列明评判标准

### 第五部分　其他实际问题

简报的最后部分可说明一下投标过程及相关实际问题。要列出项目的时间表、交付内容以及其他项目要求。也要列出合同相关的一些必要信息以及主要负责人的联系方式等。

### 小贴士

- 对于投标公司递交的答标方案支付一定的费用，这会使他们更重视答标。这笔钱花得值得。
- 他们的回复在这个阶段还仅仅是设想而已！当他们了解到更多的限制和要求时会作一定的调整，你现在所看到的并非就是你最终将得到的，但是你可以从中看出他们是如何工作和思考的。
- 选择你所喜欢并信任的团队。

### 一位文本创作人员的小贴士

- 制作一份详细的背景知识介绍，把重要的细节标亮显示。
- 让文本创作人员尽早加入团队，甚至可以参与展览的诠释策略制作。这样你们更能达到紧密的一致。
- 乐于接受不同风格。文本创作人员只要能表达你的思想，但不一定非要遵循你的写作风格。

**一位文本创作人员的经验分享：**

作为一位文本创作人员，我的工作就是寻找到表述展览内容最好的方式，把信息层层展开，使它们既能吸引一般的观众，也能吸引对某方面内容有特别兴趣的观众。展览各部分的文字风格可以不同，但整个展览的陈述是连贯一气、丝丝入扣、引人入胜的。

**一位策展人的经验分享：**

作为展览的策展人，我确实比其他人更了解这个项目，但是，往往那个最了解的人并不是萃取信息和撰写故事的最佳人选。

——布鲁内尔博物馆

## 来自图片研究人员的小贴士

- 正视你在版权方面的预算
- 尽可能地使用内部的图片资源（档案、图书馆）以节约资金
- 建立一个合适的图片评审程序

**一位图片研究员的经验分享：**

图片研究员通过寻找合适的图像、照片、插图等来帮助组织展览的视觉语言。

——Catherine Morton

我们后来才意识到我们需要很多照片。我们从外面雇了一位摄影师，花了两天时间拍摄展厅里的物品。我们应该早点让博物馆的工作人员去拍摄其他的照片。我们拍摄了穿着剧装的人们，如 Norwich 舞蹈团、黑斯廷斯战役剧中的演员。当然，这些都很花时间。

——布罗姆利博物馆

## 来自美术设计师的小贴士

要想取得最佳创意效果，在聘任三维设计团队的同时就应该聘任美术设计团队。

**一位美术设计师的经验分享：**

美术设计师的任务是把展览的陈述用一种最切合博物馆风格与目标观众需求的方式表现出来。根据博物馆的特点和简报的要求，（美术师的任务）包括：与文本创作人员一起建立展览的信息结构；确立适用于各种媒介的展览视觉语言；给出向不同目标观众传递信息的不同方式；与内容设计团队合作，为展览找到最好的视觉资源。

——Aceme Studios

## 小贴士

- 这份简报是你与未来的创意团队之间的首次交流。一份令人兴奋、撰写精致的简报可以启发设计师。撰写时可以运用一些视觉材料，为项目注入热情。
- 尽可能提前去了解那些有可能成为你创意团队的公司。给他们打电话，向他们介绍这个项目，激发他们的兴趣，邀请他们来博物馆面对面交流。
- 确认你已经检查了必要的投标程序。这些程序的制定者可能是你的出资人，或是所在博物馆的上级机关。

# 四、实施Ⅱ——团队合作

创意团队已准备就绪，等待着项目的实施。现在的关键任务是让团队中的所有成员对各自在项目过程的每一阶段中所扮演的角色，以及各阶段的期限有明确的认识，并努力地去实现。

在实施阶段，许多事情需要同时进行。项目需要管理，设计步骤需要按照预先定好的时间表如期进行，展览文案需要做好，形成性评估需要展开。所有这些事项将在下面展开论述。

在项目实施方面，小博物馆与大博物馆截然不同。小博物馆往往更高效、更富热情，项目进行得更顺利。以下是几个小型博物馆展览改造的实例。

## 布鲁内尔博物馆和 Hotrod 创意公司：

布鲁内尔博物馆是一家仅由一位员工、一个理事会，外加一些志愿者运营的小博物馆。他们外聘了 Hotrod 创意公司做设计，请了一位名叫 Mike Gardom 的专业人士做文本创作。调研、评估、反馈等工作则都由志愿者完成。事实证明他们的合作非常成功，展览改造如期完成。

布鲁内尔博物馆："我们对设计师的要求是要让展览更接近观众、更持久，并且要展示博物馆的砖墙。"

Hotrod 创意公司："客户的想法是，用印有文字和图片的玻璃面板相隔几英寸放置在砖墙上。但是这里涉及易读性、预算和照明的问题。我们尝试了灯箱。我们设计的是一个现代版的彩色玻璃橱窗，这样设计有两个目的：既照亮了展厅空间，又照亮了图片。"

布鲁内尔博物馆："Hotrod 带来了一个新的创意——使用 NASA 技术。这是个由有机玻璃、银钛合金和带磷的墨水组成的像三明治一

布鲁内尔博物馆采用的NASA展示技术

样的东西。当通入一股低电流时，墨水中的磷就被点亮了。看起来非常‘性感’。大家很好奇是怎么办到的，就躲在背后偷看。使用新技术是我们布鲁内尔精神之一。”

## 来自 Hotrod 创意公司的小贴士

- 随时跟客户保持有效的沟通。当经费不足以实现客户所期望的设计理念时，博物馆可以招募一些志愿者，使工作免费完成。
- 规划好时间。整个设计过程从开始到结束大概需要六个月的时间。但是一些意料之外的事故以及一些来自承包商或者与预算相关的问题，使得我们依然加了两个夜班才保证博物馆最终得以在 11 月 10 日如约向公众开放。

## 格兰特博物馆和 Acme 工作室：

格兰特博物馆有一位全职员工和一位兼职员工，其中一位具有专业科学传播员资质。他们外聘了 Acme 工作室做设计。由于格兰特博物馆的性质偏向科学馆，考虑到向非动物学专家解释专业内容比较费时间，所以他们选择自己做展览文本撰写。他们对展览的改造有清晰的目标，并设定了明确的进度表，最终如约成功完成。

格兰特博物馆：“我们碰到的最大困难就是对每一个动物的门类该选择哪些标本来说明。具体来说是我们不知道如何去构建展览的层次。比如在一个小展柜里我们有一千多件标本。”

Acme 工作室：“有这么多精彩的藏品可供选择，视觉诠释就是件容易的事。我们最大的挑战是构建一个信息层次结构，使得专业

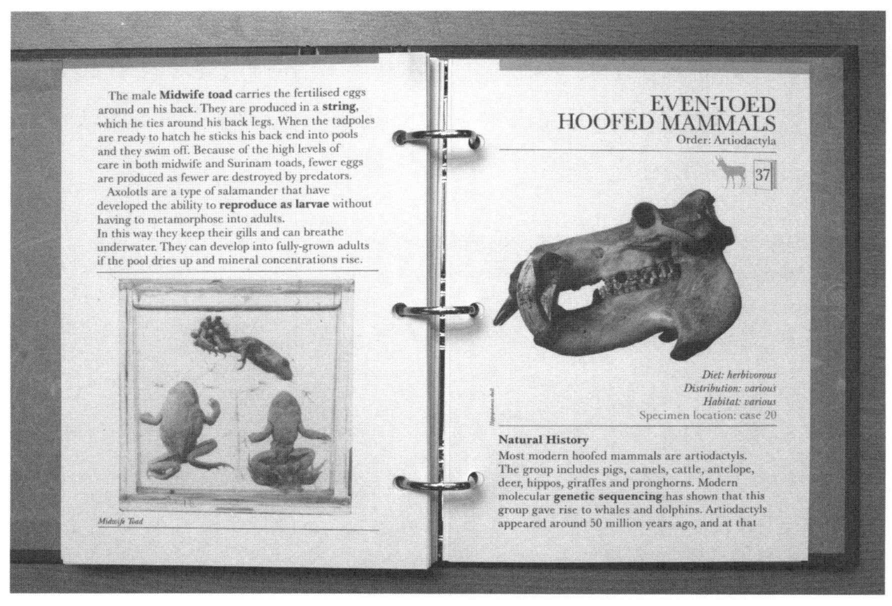


格兰特博物馆在展示中设置“事实档案”

格兰特博物馆在展示中设置“快速参阅指南”

和非专业参观者都能满意。这就是为什么在展示中加入‘事实档案’（fact-file）和‘快速参阅指南’（quick reference wheel）对展览内容如此有意义。”

**格兰特博物馆的经验分享：**

- 凭着很少的预算和横向思考一样能做出令人惊叹的事情。
- 来自专业人士的意见的确令人振奋，也能开阔你的视野。
- 相信设计师的判断，也要相信你自己！

## 布罗姆利博物馆和 Acme 工作室：

布罗姆利博物馆有三位员工，他们也外聘了 Acme 工作室做设计。他们自己做前期研究，自己寻找图片，自己写文本。当形成性评估出来的效果令人很不满意时，他们作了些反思，然后外聘了专业人员对展览图文进行修改。

布罗姆利博物馆：“最终我们选择了偏向传统的叙事结构，基本上以时间为序，横跨史前至当今。Acme 工作室的创意是用独立的柱基代表一个年代，整层展厅以时间为序顺着一个一个柱基展开展示。每个柱基上展示一个或多个具年代代表性的物品，以此讲述该年代的故事。”

Acme 工作室：“这不仅仅是对展览内容的重新演绎，也是对展览空间的一次重新规划。考虑到众多的家庭参观者，以及这个博物馆的建筑是历史文化遗产，我们选用了独立展示的方式，展品和展示面板摆放在不同高度的柱基上进行展示，参观者在各个方向都能看到，使得他们可以自由地选择他们所感兴趣的信息任意浏览。地板上的图示为参观者提供了一条充满趣味的导览路线。”

布罗姆利博物馆以一系列独立的柱基代表年代，按时间顺序展开叙述

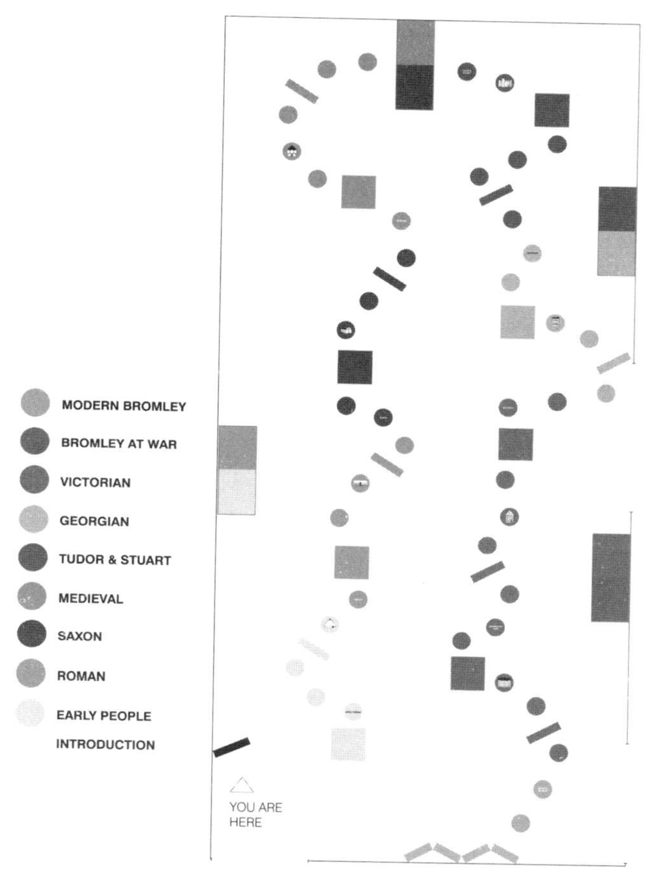


展厅地板上的图示为观众提供了导览路线参考

项目得以顺利实施的一个关键点就是：一定要在一开始就定下各种期限。先确定展览正式开放的时间，然后往回推算，要把团队各成员在项目各阶段所需的时间都考虑进去。这个阶段要作形成性评估，所以你需要为你的重点小组准备各种材料。这些都是很耗时耗力的，要在你的时间表和预算表上列出来。

接下来要做什么呢？

- 与你的团队就项目时间表达成一致
- 撰写展览剧本

● 项目管理，确保团队的每个成员都能及时得到他们所需的东西，使得项目按期进行

● 为形成性评估做计划

● 思考你的文本（该部分内容将在下一节“换一种说法”中详细论述）

（注意：撰写展览剧本、管理项目、为形成性评估做计划要同时进行）

## 1. 撰写展览剧本（展本）

“剧本”是戏剧艺术的专业术语，它主要由台词和舞台提示组成。把这个概念移植到博物馆的展览上，把展览看作一台舞台剧或一部影片，展览内容便是台词，展览的设计和制作步骤便是舞台提示。我们不妨开创一个概念，把展览剧本叫作“展本”。展本的撰写是基于展览的诠释策略，从中得出陈述结构，并把它发展成一整套各种元件组成的系统。展本可以帮助你决定怎样让系统中的这些元件协调运作，怎样讲述或展示故事从而形成这个展览。展本类似于电影制作人用的情节串联图板，用文字去记录博物馆的参观体验。总之，展本是整个项目的工作据以进行的蓝本。

小贴士

展本与展览的文本撰写并非一个概念。展本是一份总的计划，包括所有大大小小的元素。展览的文本只是指出现在展览中的文字性描述。必须先撰写展本再进行展览的文本创作。

在做好所有的计划和理论工作之后，你可以开始最具挑战性的部分了——工作于你的展厅。如诠释策略一样，展本也是一个团队文件，你需要与你的设计师、文本创作员、图片研究员、美术设计师们共享，

并且不断讨论、不断改善它。这里介绍一个比较有效的方式。

把一页纸折成左右两半，左半边顶上写上“讲述”，右边顶上写上“观众体验”。在“讲述”的标题下写上你所希望讲述的故事大纲，在“观众体验”下写上可以用于佐证这部分讲述或者代替文字陈述的材料，包括观众在参观过程中所能看到的物品、图片，所能接触到的互动体验装置、感控性盒子，所能闻到的味道等。“观众体验”部分的内容会相当多，选择一个灵活可调的结构（请见下页实例展示）。

运用你的想象力或与你的设计团队讨论如何创造出引人入胜的参观体验。站在观众的角度回过头去看一下你的诠释策略，对于“谁是你的参观者”“他们想知道些什么”这些问题你是否有了更深的理解。

你的团队成员会把他们的想法和意见反馈过来，所以你的展本会不断得到丰富和完善。你会发现在形成性评估之后展本发生了本质的改变。总之，在深化设计开始之前一定要使整个团队就展本达成一致。

用一种有效的方式追踪记录展本更新和完善的痕迹。如果团队成员按照不同版本的展本工作，将引起一片混乱。

## 2. 进行形成性评估

形成性评估使你有机会在项目进行过程中测试一下你的想法或试验是否奏效。进行形成性评估最有效的方式是与你的创意团队一起制作一些范例，如展览或文本的模型。你可以测试展览的内容、形式、风格、图片是否有效。目标观众的反馈会告诉你你是否达到了目的，你的展览是否在跟观众做有效的交流。当你聘用设计师时务必告知他们你正在进行形成性评估以及评估的意义。

## 布鲁内尔博物馆在展本撰写中采用的情节串联板（部分一）

“讲述”一栏列出展览所要传播的信息点

“观众体验”一栏列出你对如何传播、证明和表达这些信息的想法

**隧道与马可·布鲁内尔**

- 谁修建了该隧道?
- 谁是马可·布鲁内尔? 19世纪早期最杰出的发明家和工程师之一，出生于法国，于1799年来到英国
- 他为皇家海军制作的滑轮组自动制造机使他一举成名
- 为他的儿子伊桑巴德·金得姆·布鲁内尔的光环所遮盖
- 布鲁内尔有很多发明，包括抄写机、制靴机、木滑车成形机

**文物、图片等**

可用图片

- 布鲁内尔和滑轮机的铜版雕像
- 科学馆关于滑轮机的雕版
- 伊桑巴德·金得姆·布鲁内尔的雕像
- 皇室来访的雕版
- 伊桑巴德·金得姆·布鲁内尔的照片

文字

- 大约75个词
- 是否用直接引语，如：“哦，我的朋友，发明一个机器是很容易的，但让它工作可不那么容易。”“不管怎样，如果我再试一次，我可以做得更好。”

物品

是否可以拿到滑轮机的工作模型作为展品展出?（该模型为国家海洋博物馆收藏）

触摸

是否可让观众触摸木滑轮表面，感受其光滑

这些是可获得的图片，你需要从中选出最适合的。有些图片可能也适合放在展览的其他部分，要注意不要选重了

虽然你还未开始撰写展览的文本，对字数有个现实的估计是很有必要的

也可先在这里提议采用何种字体和美术风格，供与设计师作进一步的商讨

你可以写下你想要征借的物品，并围绕这些物品写下故事情节。这可以帮助你判断这些物品是否可以丰富展览的参观体验

简单的互动措施如触摸木头实品也是一种交流方式，不但达到与观众交流的目的，也节省了文字介绍

把你的想法用罗列的方式写出，方便修改

注意：情节串联板各不相同，如有必要可以加进图片缩略图、文物照片、展品收藏信息、说明牌要标注的重要信息等。总之要采用一种对你的团队最有效的方式。

进行形成性评估的时机非常重要。一方面，要使评估尽早地进行，这样评估结果可以真正服务于项目的实施，从而帮助你和创意团队少走弯路、节约成本；另一方面，如果进行得太早，你的想法、文本可能还不够成熟，还不足以让目标观众看了以后提供有效反馈。

有些人认为重点小组只不过是一个很小的参观者样本，怎么能把他们的意见作为一般参观者的代表性意见呢？现实中我们的确更容易采纳与自己的想法相一致的意见，而忽略或舍弃那些与我们相左的意见。但不管怎样，你不可能把博物馆建立在真空之中。从你的团队以外获取意见和建议是非常有用的。

——伦敦博物馆

何时让重点小组对项目作形成性反馈，这个时间点的掌握至关重要。过了这个时间点，对项目的任何改动都会很贵。所以一开始就要制定一个观众调查时间表，否则项目的进程很容易被阻延，同时也必将增加花费。

——伦敦运输博物馆

## 3. 项目管理

对一个项目进行管理意味着对项目的所有相关人员的工作进行协调。很有必要制定一份团队共用的项目时间表，列出项目的每一阶段所需要做的工作和达到的目标。在做这份时间表之前，你需要：

- 列出项目的每个评审阶段创意团队需要展示的工作成果（如计划方案、风格面板、文本样板等）。
- 列出博物馆在项目过程中的各项任务以及相应的完成时间（如

展本、研究成果、图片、物品信息等）。

● 建立一个有效的“签字认证”机制，在项目进行过程中及时明确哪些事项已达成一致、哪些还需进一步努力、哪些已经无法更改。

以下是设计公司规划工作时经常使用的表格：

| 阶段 | 目　　的 | 设计师所需 | 评　　审 |
|---|---|---|---|
| 1.<br>概念设计 | 表现设计师对展览的总体创意设想。这阶段所作设计的所有元素都可讨论和改变 | ● 阅读创意简报<br>● 熟悉展厅空间和博物馆的收藏<br>● 了解客户所要讲的故事<br>● 获得各类图片资料 | 及时给出反馈，使创意团队可以对所提出的要求作出调整<br>在概念设计的后期阶段，博物馆应该已经明确了设计所需要的所有材料（如展品、相关研究、图片、表格、图例等）<br>对概念设计或对具体展示或展板的形成性评估应在设计完成后立即进行 |
| 2.<br>概略设计 | 设计师在概念设计的基础上，结合反馈意见，对展览的布局和主要元素进行改进。依然有可能对设计方案做实质性的大改动 | ● 展本草案<br>● 图片列表草案<br>● 所需其他资料的 75% | 对设计提出详细反馈意见，查看这些设计如何诠释展本中的信息和故事，检查这些设计如何针对形成性评估的结果作出调整<br>概略设计结束前，博物馆应已明确所有展品及其信息的可用权，研究资料也应就绪，图片还不用拿到手但必须已选好 |
| 3.<br>深度设计 | 设计师对展览的各部分及其相关美术/互动 / 视听等要素做详细深度的设计。文本可以做细小修改，但仅限于拼写或发音错误 | ● 确认的展本<br>● 确认的图片列表（包括图片亮度、来源等）<br>● 所有展览内容的确认 | 一般在展览的各部分设计完成时分别进行<br>文本的校对和查验往往比想象更耗时，定型后再做任何更正将会耗资巨大 |
| 4.<br>成品设计 | 设计公司与供应商合作，根据设计制作展览的各个元素 | ● 与客户就展览内容再作一定程度的讨论<br>● 关于项目实施的各项具体决定 | |

**来自美术设计师的小贴士**

- 展览的内容设计和形式设计要在项目初期就同时进行，两者可互为参考，这将为后续的工作节约很多时间。
- 一开始就向设计师提供尽可能多的各项资料和信息，诸如表格、地图、图片、实物样品等，这些都将有助于各种创意的形成。
- 在项目中留出备用时间。记住：充分消化各种消息达到足以进行诠释的程度是很费时的；撰写、编辑和查验也总会带来各种预想之外的改变。

——Acme 工作室

## 4. 从实施到实现

整个实施阶段你都将与博物馆的同事以及展览的设计师、文字创作人员、图片研究人员等一起工作。基本上，这一过程并不会顺利进行——团队合作的工作很少顺利进行。人们也许会被一个毫不相关的设想带走思绪，或者有了某个不在计划中的新构想。这就需要借用外交手段处理团队中的各种想法，从而决定该想法是否可为整个团队采纳。

项目开始前，当你对着日历为整个设计过程规划时间表时，请尽可能留出一些时间空当，你可以利用这些空余时间去完成各项外交任务，处理各种层出不穷的意外和紧急情况。

不管怎样，项目的实施依然是一个非常有趣、刺激并令人兴奋的过程。只要坚持到底，你最终会完成你的项目。

## 五、换一种说法——文字推敲

一提到讲故事，也许你首先会想到利用文字。一定要避免这样的思维定式！正如我们在之前的章节所见，你是在一个三维空间讲述故事，并且有实物展品和图片等辅助，这远比任何“贴在墙上的书”更容易接近观众、更有效。

在博物馆里，你可以极富创造性地使用文字。所谓使用文字不仅指为说明牌、展板寻找词汇，文字也可以很具场景化。文字可以用作标志，可以用来创造一种情境，可以给人震撼，可以令人惊讶。影音材料或场景音效之中可以有文字，图片周围可以有文字，互动装置旁可以有文字。文字可以用得很有趣味性、很具启发性，让观众真正投入到他们所看到的东西中去。

接下来要介绍一些比较实用的想法和工具，有些比较直接，有些比较激进，但都可以用来帮助你讲述故事、准备展览文本，从而使展览更引人入胜。首先先明确一下讨论中将涉及的几个概念。

- 诠释策略：阐明展览的主题、目标观众以及展览所用的语气语调。
- 叙述结构：故事的顺序和结构。
- 展本：展示整个故事，不仅仅是故事的顺序，也包括故事的语调、内容和你想要的故事效果，是一个整体参观体验。
- 文字／文本：在展览中出现的所有文本类表达（包括印刷的、手写的、投影的或音频播放的）。

本章所举的实例中的博物馆，在其展览的改造项目中，都曾对文字相关的问题进行过反复、深入的探讨，最终选用了各自适合的行文和陈述方式。

布罗姆利博物馆在文本交流上非常大胆。他们把展览内容分割成

布罗姆利博物馆采用杂志风格的展板，以历史人物之口，讲述历史故事

一个个小块，采用杂志风格的展板，配上大量的图片。因展览以时间为序，他们在地板上设计了由一连串踏脚石组成的时间线，同时以系列“采访”的形式，由历史人物讲述他们过去的生活。

格兰特博物馆展示中的“事实档案”

格兰特博物馆被称为“疯狂的收藏家的起居室”。受制于该博物馆作为教学性博物馆的事实，馆内展览只能按照分类学布置，所以整个展览的结构和布局是固定的。因此，设计师的挑战首先是要找到一种使展示内容易于为观众接近的方式。他们采用了层级标牌的方法，这样展品的分类更容易理解和观

**Mythology**

The word "mammoth" comes from the Siberian for "earth-mole". When rivers cut new courses through the **permafrost** (soil that has been frozen since the last cold period), they expose the things that are buried there. Sometimes the frozen carcasses of mammoths appear in the new river banks. They have been in the freezing soil since before they became extinct and are so well preserved they look like they have died recently. Since no-one living had ever seen a mammoth alive, some Siberian tribes-people believed that mammoths were **burrowing** creatures that could only survive underground (hence earth-mole). They said that if they came in contact with the air they would die. This explained why they were only ever found dead, half sticking out of the soil.

*Dioramas of Pleistolene, 'Elephus primigenius' (mammoth), oil on canvas*

STARFISH

Class: Asteroidea

7

*Diet: marine invertebrates*
*Distribution: worldwide*
*Habitat: coastal Seas*
Specimen location: case 2

**Natural History**

Starfish are some of the most abundant **predators** in the sea. They have a large number of tiny water-filled "tube feet" which have suckers on to carry them across the sea-floor, although they cannot move very fast. Some species feed by pushing their **stomachs** out through their mouths. When they find a bivalve mollusc like a mussel, they use their arms to pull it open, push their stomach out and into the shell, digesting the animal by secreting enzymes onto its surface, before pulling their stomach back in again. They can vary in size from a couple of centimetres to over one metre and in exceptional cases can have up to forty arms. If they lose any parts of their body they are often able to **grow a replacement** in a couple of weeks. One species, the

格兰特博物馆展示中的“事实档案”

看。另一挑战是找到能够引出展品背后故事的合适方法。格兰特博物馆和 Acme 工作室在展厅放置了“事实档案”（factfile）。档案首页说明博物馆的布局、分类和历史，然后开始讲述“英雄”标本背后的故事，使用彩色图片和标志性标牌帮助观众理解所看到的标本到底是什么。参观者可以自由选择参观路线，就像弹子机一样，碰到吸引他们眼球的标本就可以停下，通过“事实档案”快速了解更多相关知识。

> 很赞的是格兰特博物馆保留了它的学术氛围。你仍然可以学习却不会再觉得自己愚笨。
>
> ——摘自格兰特博物馆的总结评估

布鲁内尔博物馆利用颜色和形状把展览文本分割成块，并把引述、照片说明和图画组合在一起，使读者犹如在阅读杂志，不知不觉就读了很多。

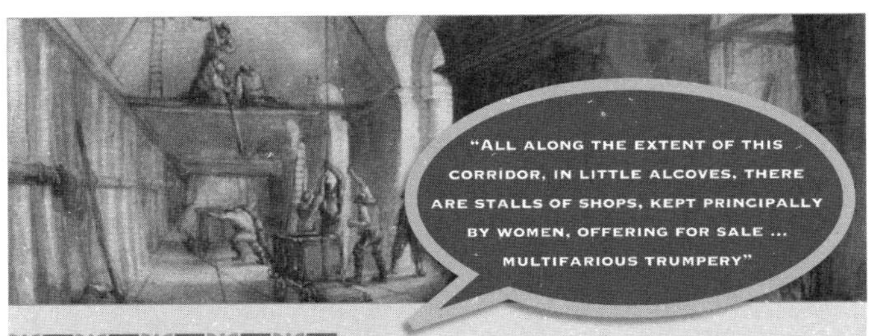


# The tunnel & its uses

**When the tunnel opened in 1843 it was a miracle of engineering, but 15 years late and heavily in debt. Since company had no money to build access ramps for road traffic, the tunnel did not even solve London's traffic congestion problem. However, it has had many other uses over the years...**

## Foot tunnel

The tunnel was used by foot passengers to cross the Thames between Wapping and Rotherhithe. The fee was a penny, and the pedestrians had to deal with a long staircase in the shafts at each end.

## Entertainment

The tunnel shafts were painted with famous scenes from around the world to amuse and educate the pedestrians on their long climb. The tunnel arches attracted market stalls selling cheap souvenirs, and was also an occasional venue for funfairs.

## Banqueting hall

In 1828, the unfinished tunnel hosted a large formal dinner party. Distinguished guests feasted in one passage, and the miners in the other. In the background the gaslight glints off the brass instruments of the band of the Coldstream Guards.

"THE RESIDENT ENGINEER DETERMINED TO CELEBRATE HIS SUCCESS ... BY INVITING HIS FRIENDS TO DINNER UNDER THE RIVER "

"THOUGH A WONDERFUL TRIUMPH OF ENGINEERING SKILL, IT IS AS A PROMENADE IMMEASURABLY DULL AND WEARISOME."

## Underground railway

In 1865 the owners gave up and sold the tunnel – at a loss – to the East London Railway. The tunnel was linked to the Underground, and steam-powered trains carried passengers under the river to destinations around London.

布鲁内尔博物馆的展板文字设计

> 我们的文本创作人麦克·高登（Mike Gardom）雇得非常值得。他为其他博物馆做过设计和展览的文本撰写，所以他看到木头就能想象成树。他也严格按照进度表工作，使我得以控制项目的行进。
>
> ——布鲁内尔博物馆

布鲁内尔博物馆在展览中采用信息图表展示伦敦历史上地理和人口的变迁。这些展板遍布整个展厅，构成一个易于理解的时间顺序框架。

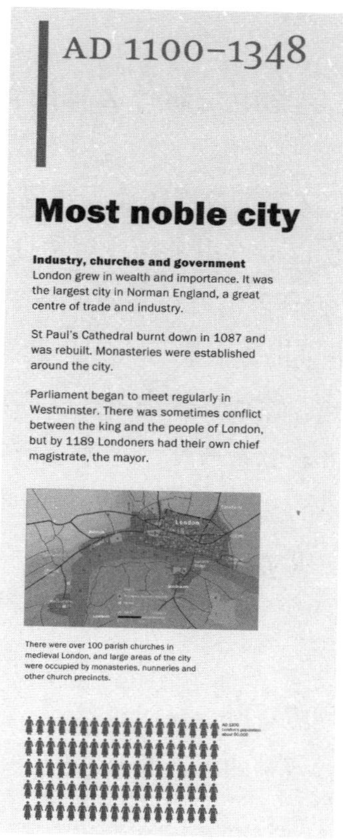


布鲁内尔博物馆的展板文字设计

**小贴士**

- 撰写文本很花时间，要么预留出足够的时间，要么聘请外部专业人士。
- 撰写展览文本时，对于你很熟悉的展览主题，往往会写成洋洋洒洒的大篇，请记住：言简意赅的文本才能吸引观众。
- 不要光说，写出来看看。

不管是外聘专业人员还是你自己动笔，你和你的团队都需要思考这些文字将如何出现在展览中。下面这些问题可以帮助你理出个头绪。

## 1. 文字将在展览中扮演什么样的角色？

现实中，文字常被用作诠释展览内容的主要方式被简单地配在展品旁，其实它也可以用来构成启发性体验。传播信息的方式有多种，其中的一些方式会比另一些更有效，也更有趣。你需要和你的团队（尤其是设计师和文本撰写人）一起，选择最合适的方式以获得你想要的观众体验。你需要仔细考虑文字在展览中的具体位置，设想观众将在哪个地方看到这些文本。要尽可能地通过文字大小、字体风格以及图片和色彩的变幻获得最佳传播效果。

**展览中使用文字的途径：**

- 展品标牌、图片说明
- 展板
- 便携导览手册、事实档案
- 展厅音效中的语音部分
- 语音导览

- 歌曲以及视频中的台词
- 外拉式面板和抽屉
- 互动项目
- 电子界面和网络媒介

小贴士

● 把文本以电子形式展示很容易，但必须谨慎——容易并不代表有用！电子形式的文本往往很难消化，最好把他们编辑成一小块一小块。

● 图片、表格和视频可以更有效地传播信息，也更具趣味性。但采用这些手段之前一定要把你的展览目的一步一步详细地解释给设计师听，因为视频的每一帧、图表的每一步，都蕴藏着一个文本版的故事。

伦敦博物馆在“中世纪伦敦”展的“黑死病体验”部分，运用了多种文本使用方式：启示性的历史引语、图片和地图被融入一段视频中，用来展示黑死病和谣言的无情传播，以及在黑死病逐渐向伦敦蔓延时人们不断加深的恐惧；因黑死病而逝去的人的名字被投影在墙上，一段模拟音景轻声朗读着这些名字，整个场景把当时人们对黑死病的感受展示得淋漓尽致；展厅中唯一的一件展品是一只教堂钟，旁边的说明提示该钟制造者的妻儿都死于黑死病。

这是多么烘托气氛——就仿佛你已经被深深地吸引住了。你会惊异于图片和信息所透出的力量。

——伦敦博物馆总结性评估

## 2. 你将使用哪一层次的语言？

除了风格和口吻，你也需要考虑展览所使用语言的层次。很明显，这取决于目标观众及他们的阅读年龄。比如，一些八卦小报采用 12 岁左右的阅读年龄，而主流大报则定位于较高阅读年龄的读者。关于展览语言层次的确认，需要考虑以下事项：

- 句子长度
- 句子结构
- 句子中的关键信息的数量
- 词汇
- 专业术语
- 观众所需要的背景知识

看一下你所使用的词汇是否在观众力所能及的范围之内。你可以使用新词汇和专业术语，但你需要同时对这些词汇进行解释，解释时避免使用很长的文字，可以借助表格和图片来说明。孩子们很喜欢接触新鲜词汇，也学得很快，前提是要有上下文能够帮助理解。还有一个比较容易犯的错误是理所当然地假设观众所具有的相关背景知识，尤其当你对所写的材料非常熟悉时，这种情况更容易发生。所有这些问题都很重要，如果你错误地定位了语言层次，你就会失去观众。

**小贴士**

要想感觉一下语言的层次，你可以分别看一下：

- 图画书
- 儿童读物（5—7 岁）

- 故事书（7—9岁）
- 娱乐性小报
- 严肃性报纸
- 学术性书籍

（通过形成性评估）我们惊讶地发现，观众竟然没有抓到任何知识点，而这些知识点对于理解整个展览至关重要。看完展览后，他们依然不知道电车 (trolley-bus) 是什么。这意味着他们没法理解展览中的材料。我们有必要重新审视展览的设计和结构，以及展览中由文字、图片、展品的排布所表达出的信息层级。

——伦敦运输博物馆

在撰写文本时往往会忘了哪些是科学术语哪些不是，因为我们对这些术语很熟悉。比如，第一个重点小组碰到了“有蹄类动物”这个词，其中一位观众就提出“我不知道这个词是什么意思”。另外，比如“有脊椎动物”和“无脊椎动物”这样的词汇如何处理。准确地定位非专家型成人观众的语言层次是很难的。

——格兰特博物馆

策展人对展览主题太熟悉了，所以他们常常会忘了大多数人的知识层次。

哪个有正常思维的人会把这里所有的文字说明都读完?

——摘自伦敦博物馆基础评估

展览让我有再来一次仔细参观的欲望，我很想好好阅读一下展览中的文字。

我认为展览中的信息是很恰当的，简略、不冗长，这点很好。语言的表达非常好，即使是孩子也能读懂。

——摘自伦敦博物馆总结性评估

形成性评估前我们没有足够的时间去好好准备，我匆匆撰写了一些展览文字，设计师把展览（样板）制作了出来。在给重点小组看之前我们都没有机会看一下。如果看了一下就能看出毛病了，文字太冗长了。我写的时候脑子里的潜在观众是《卫报》的那些二三十岁的读者，没有提供简短易懂的概括性文字供父母们读给小孩子听。所以，孩子们认为这些文字是“令人厌烦的，可怕的”。对于我们，得到这样的评价很让人沮丧。我们不得不深刻反省。但是，这的确给了我们机会去重新思考对文字的处理。所以最终我们改善了许多。

——布罗姆利博物馆

## 3. 你将使用哪种风格和特色的语言？

关于“口吻”的问题我们已经在“创作”部分讨论过了——当你现在考虑语言风格和特色的时候，你需要时刻牢记之前已经确定的展览口吻。

在语言风格方面博物馆的观众是很成熟的，因为在日常生活中他们已经碰到了各种各样的风格，包括说明书、事实报告、热点报道、科幻小说、侦探故事、言情小说、歌词、打油诗、幽默等。

即使在前来博物馆的路上，他们也会接触到各种文本，比如：早餐包装袋上的文字、报纸的头条报道、地铁上的各种广告等。即使是小孩子也有机会接触到丰富的文字风格，比如各种故事讲述风格、儿童广告、连环画里的陈述、笑话书或科普读物等。

我们的新展板很富戏剧化。不管是小孩还是成人看着这些展板就不肯走了，以前他们从来不屑一顾的。现在我们有：

- 清晰的标题
- 写有问题的彩色气泡形文本框
- 层次分明的信息
- 色彩（以前多是黑与白）

——布鲁内尔博物馆

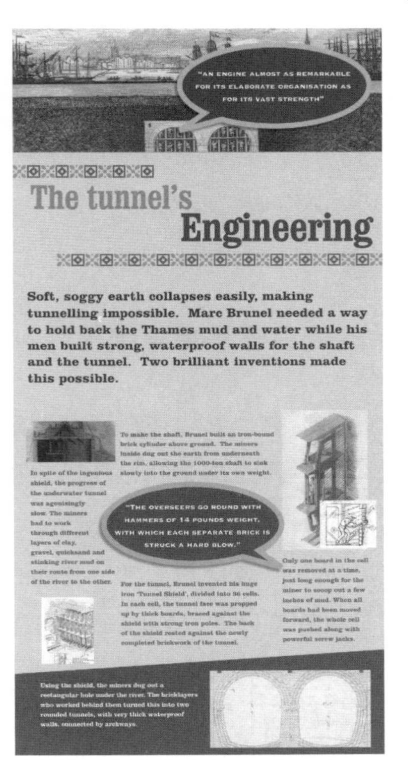


相比之下，“博物馆专家”型的语言风格未免显得枯燥乏味。选择哪种或哪几种语言风格来调动观众的兴趣，由你和你的团队来决定。

利用人物角色可以帮助故事的讲述，他们的口吻可以提升故事的权威性和丰富性，这些都能更好地吸引观众。你可以引入某个真实的历史人物，让他们用自己的语言讲述；也可以使用一些现实中的普通人，让他们用与自己年龄、背景、时代相适应的口吻讲述故事。

**小贴士**

- 大人在给孩子讲解展览中的文字时一定要简洁明了，否则没等你讲完，孩子就倦了，讲之前要先把文字的信息迅速过一遍。
- 先找一些年龄和背景都合适的友好观众测试一下你的展览文本，看他们是否能理解。如果不能，检查一下你的讲述内容和讲述方式存在什么样的问题。
- 形成性评估既要测试展览内容是否通俗易懂，也要测试他们是否具有趣味性。

## 4. 能否突破常规思维局限？

现实中，人们往往会在改造后的展览中依然使用之前用过的语调或口吻，因为那是自己所熟悉的。如果是这样，这只能是“第二次讲述”，而不算“换一种说法”。“换一种说法”旨在突破博物馆的“安全”线，以观众想看的、想听的为考虑重点。以下这些文字和图片的例子也许可以激发你的一些创意。

### 活跃性文字

所谓活跃性文字就是可以激发观众互动的文字，例如向观众提问，或给予他们一项任务。年轻的观众对活跃的文字应该不会陌生。这些文字配合简单的互动设施（比如：掀起文本上的覆盖物、移开遮挡物发现答案、对错判断等）效果非常好，可以一下子把观众的注意力集中到展览内容上来。

观众为了更好地理解展览内容而表现出的积极参与互动、讨论和选择的意愿往往令人惊讶。活跃性文字鼓励观众思考和探究，他们常常觉得这种方式很有意义。

## 直接引语

直接引语会给观众带来“真实”“原汁原味”的感觉，能满足观众对“真人真事”的需求。古文词汇或外语都需要针对现代观众进行一定程度的翻译或重新引用。引用有多种方式，可以镶嵌在主文本里，或把他们独立展示达到一种戏剧化的效果。

直接引语并不会被当作吹捧性文字而被观众略过，他们是吸引观众注意文本的诱饵，对介绍新主题、新展览和新展厅都很有效。评估表明参观者更喜欢引语的原版拼写，只要旁边附注现代的解释即可。

## 儿童化的语言

如果博物馆的观众中有儿童，那么需要在展览中设有直接面向儿童的语言，或者提供有趣的材料供成人讲给他们听。把展览内容所包含的信息分散成多种风格传播，可以使展览面向不同层次的观众。儿童化的语言并非只是吸引儿童观众！

使一个展览或展厅具有对儿童的吸引力却不为他们的需求所主宰，需要在不同方面下功夫。展览中所有的交流都要把儿童的语言和儿童所感兴趣的话题纳入考虑。儿童的语言和话题也是整个展览诠释的一个组成部分。多层次的诠释可以适应不同观众的不同学习风格。

## 图示

图示为观众提供了一种陈述性文字和表格以外的视觉化阐释信息的方式。图示的效果如何取决于信息数据的明晰性和图的质量。图示在传播复杂或重复信息时可以节约空间，同时也能让观众从文字阅读中暂时得到休息。

图示提供了一种代替文本的方式，可以用于展示复杂的论点，但是必须在正式使用前对其进行评估，查验图示的明晰性，保证所传递信息的准确性。

## 展品组合

相比于独立地展示各个展品，把几件展品归为一组进行整体诠释，可以使观众了解到各展品之间的关系，理解把他们归为一组的意义。

展品组合是休闲和生活类杂志的一个常用方法。这个方法用于博物馆诠释上的一大好处是会使观众感到熟悉和亲切。博物馆专家们对于这种方法要么很热爱，要么很痛恨。流行杂志的风格可能与博物馆展览主题不大相称，一些博物馆研究员甚至认为这种方法贬低了他们的工作。但不管怎样，对于许多观众，尤其是那些没有参观博物馆习惯的观众来说，正是这种亲切、平民化的风格吸引了他们。

## 人物图片

人物图片能使展览讲述的故事更生动。年代越早的展览主题，越难找到“普通人的图片”。但是一旦选对了图片，将会使展览文本更令人印象深刻，会激发参观者对展览主题产生丰富的联想。

找到最合适的图片去辅助人物故事是一项很艰巨的任务。很少有博物馆备有展览需要的所有图片。“换一种说法”项目中的评估表明，人物图片非常受欢迎，观众对于各种原始例证材料很感兴趣，只要这些材料包含足够具体的信息使之可以被翻译和解释。

> 我们的体会是：为了吸引所有参观者，我们必须少依赖文字，转而找一些其他更有创意性的方式与观众交流。
>
> ——伦敦运输博物馆

## 撰写观众想看的文本

大量研究已表明博物馆的参观者并不阅读展览中的文字说明，甚至更令人沮丧的是他们有时根本看不到文字说明。写一些没人看的文字有什么意义呢？如果观众根本不看文字，展览的信息将如何传播呢？

博物馆人对此最大的担心是怕博物馆的知识层次降低。但是如果你仔细想一下我们在这里所讨论的例子，会发现事实并非如此。在我们所看到的例子中，展览材料被一种新的、智慧的、适合观众的方式所演绎和诠释。展览的内容没变，只是物品的摆放方式、文字的使用、观众了解信息的方式改变了。只要观众最后喜欢并认同这个展览，所有为之所付出的辛苦和努力都是值得的。

项目进行到这个阶段，你可以做一些特别的事情了：为你的目标观众选择合适的风格、语调、内容和语言层次，然后把展览文本用各种演绎方式糅进整个展览空间，使得整个故事连贯完整。正如布鲁内尔博物馆所总结的，一大段文本可以打散，分成易于阅读和理解的若干小段，糅合进标题和插图说明，这样观众阅读起来就方便多了。

如果你选择了正确的叙述结构，并根据所拥有的展览材料和展览空间精心撰写了展览文本，那么你的整个展示就如同在讲述一个故事，一个娓娓道来对观众有着无比吸引力的故事。

> 作为博物馆的撰稿人，你不用针对每一位个体观众而写，但你需要写得与众不同。
>
> ——Jennifer Blunden

## 六、成果——评测项目的成功

对项目的成功进行量化评测是很复杂的，有许多方法可以采用。以下列出了一些常用的评估因子。

### 参观量

大多数博物馆都想提高博物馆的参观量。来自布鲁内尔博物馆的报告表明，在新展览开放后的三个月里，参观量上升了 50%。

### 参观者停留时间

如果说吸引参观者进来是第一步目标，那么使他们在馆内停留则是第二步。格兰特博物馆的报告表明，改造后参观者在馆内的停留时间呈火箭式上升，许多参观者在离去之前都会仔细地阅读展览中提供的资料。

### 非正式评论板

请你的参观者留下他们的评价，口头或书面皆可，可以使用留言簿，或用小卡片贴在留言板上。伦敦博物馆梳理了所有收到的留言，发现这些来自参观者的反馈非常有意义。

### 教育目标的实现

教育目标在基本评估阶段就已提出，在项目的行进和结束阶段，务必要查看一下这些目标已经实现了多少。

### 总结性评估

对展览进行重新设计、重新诠释时头脑中一定要有目标观众，在改造过后也有必要知道他们的想法，即对展览进行评估。我们在“发现”部分介绍过展览评估。实行总结性评估可以使你了解你最终采用的方式是否达到了既定目标。如果总结性评估采用了与基础评估和形成性评估相同的方法，你也可以比较一下各个评估的结果，并分析出现的变化。

## 1. 布罗姆利博物馆

布罗姆利博物馆之前有一个考古展厅，基本不受任何人的欢迎。现在，一个由一系列踏脚石组成的时间轴以及强烈的空间和色彩感吸引着源源不断的参观者。展厅里，顺着一系列的踏脚石树立着一个个高矮各异的柱子，上面以杂志风格展示着展览的主题和材料，勾起参观者想了解展览内容的强烈愿望。隐藏在展览中的标志性展品为展览增添了一种探险的氛围。孩子们则在与他们身高相匹配的展柱前流连忘返。

改造之后的布罗姆利博物馆

改造之后的布罗姆利博物馆

**来自家庭型重点小组的评论**

**以前：**

“看起来就是传统意义上的博物馆，没什么新的东西，没有再来一次的欲望。”（成人参观者）

“真没劲。一点彩色也没有，展览说明我也看不懂。”（儿童参观者）

“我们需要看到一些真正有趣的东西。那些我们一看到就发出哇的赞叹声的东西。”（儿童参观者）

**现在：**

“当你走进去的时候眼睛一亮。展厅比以前更明亮也更易于参观。参观的时候不一定遵循时间顺序路线，你只需随意走走，边走边看那些映入你眼帘的东西。”（成人参观者）

“非常震撼。空间非常明亮，比以前好多了，我觉得这样使观众更有兴趣开始参观。展柱上的大幅图片也吸引着观众。”（成人参观者）

“多了很多关于我们这个地区的内容。你肯定想了解自己居住的地区。有很多我熟悉的路，离我住的地方很近。”（成人参观者）

## 2. 布鲁内尔博物馆

之前的布鲁内尔博物馆，展厅内灯光昏暗，展板杂乱无章，即使是专业型参观者也对该展览毫无兴趣。如今，他们有了一个全新的意趣盎然的展厅，展板使用NASA技术，不仅有效地展示了展览信息，同时也为展厅提供了足够的照明。平衡搭配的图片、引语和说明，不管是成人还是儿童参观者都产生了极大的兴趣。

**由本地教师组成的重点小组的评论**

**以前：**

“太多信息，太杂乱，没有好好地组织。”

“需要更多的色彩——太灰暗了。”

“更富想象力地使用灯光将改善很多。”

**现在：**

“我喜欢这里的照明——它使得文字甚至是黑白图片跃然

改造之后的布鲁内尔博物馆

改造之后的布鲁内尔博物馆

而出。以前，所有的都是黑与白，重点得不到突出。使用了众多色彩之后，黑与白也能凸显出来。”

“文字与图片的比例很恰当。这点真不错，因为让一个孩子去看一大篇的文字是很令人厌倦的事情。”

“新的照明系统和展板使参观者有想了解整个展览的欲望。”

之前

改造之前的格兰特博物馆

## 3. 格兰特博物馆

以前，格兰特博物馆的展览看上去像一堆令人困惑的陈旧骨头，时而有几块丑陋的标牌做着不知所云的说明，让非动物学专业的观众如坠云里雾里。如今，全新的用各种颜色和图例标示的标牌系统使参观者得以系统地观看各个动物分类。骨头和标本们被赋予了意义。各个标本背后的故事通过事实档案的方式展现给观众。

改造之后的格兰特博物馆

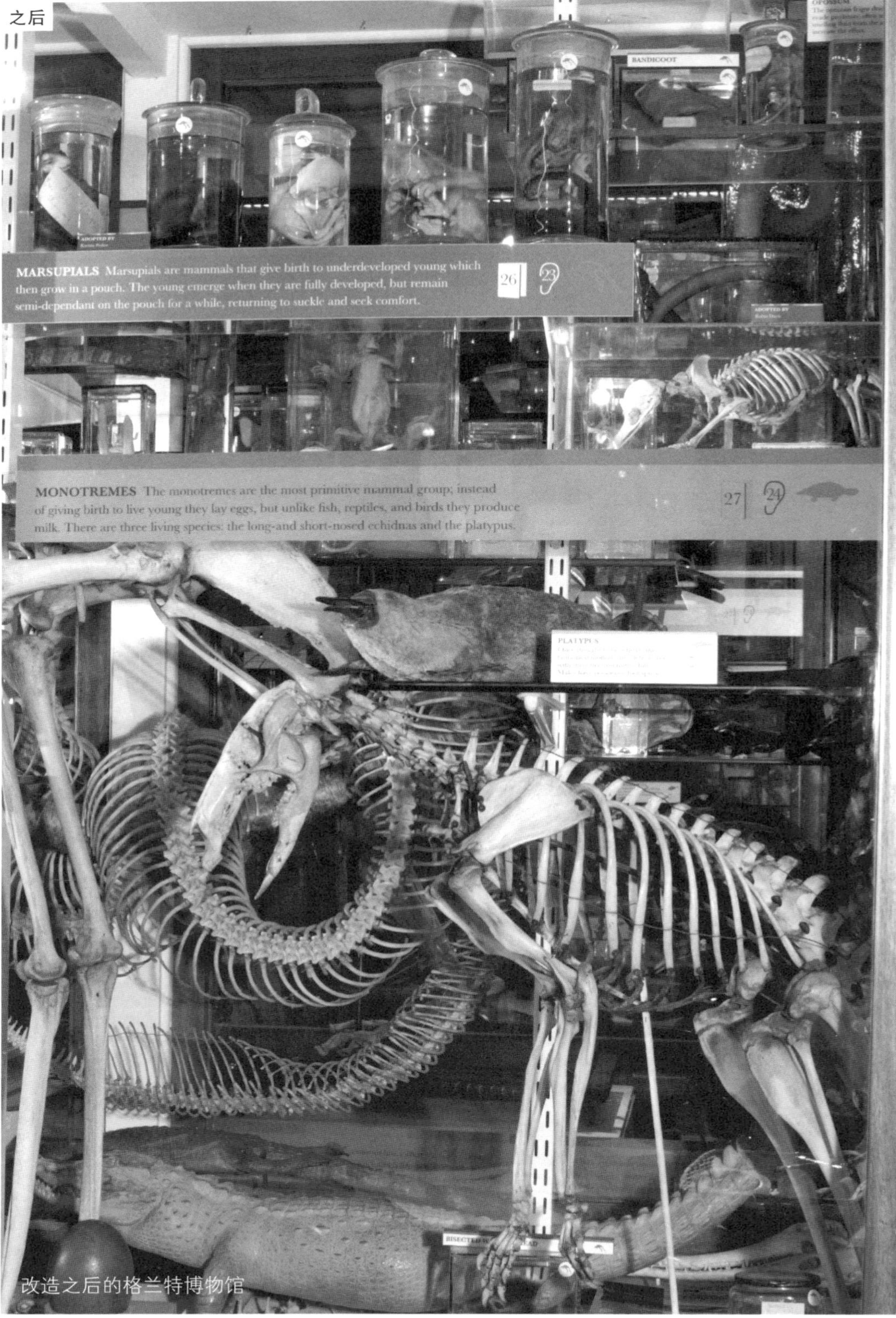


之后

改造之后的格兰特博物馆

**来自成人重点小组的评论**

**以前：**

“感觉很难看懂，仿佛进了一个疯狂的收藏家的起居室，所有的东西都堆在一起。”

“这里提供了很多信息，如果你想了解，我相信你会学到很多，可是，没用什么动力驱动着你去了解。”

“我不觉得我以后会再来参观一次，因为这个展览太令人困惑了。”

**现在：**

“我觉得现在的展览让人不由得发出哇的赞叹声。我想立即参观，都等不及脱掉外衣。”

“我们提出了那么多的需要改变的地方，我们觉得他们不可能全部办到，可他们居然都办到了！真令人称奇！”

“现在的展览参观起来更令人舒服，因为你能更容易地获得信息，你知道你应该怎么做。”

## 4. 伦敦博物馆

伦敦博物馆以前有个中世纪展馆，展厅中的标牌一派严肃的学究风格，没有人愿意阅读。采纳了重点小组给出的意见后，现在的“中世纪伦敦”展览引入了儿童化的语言和互动性项目，并且改写了展览的文字诠释，使得他们更活泼生动，更亲近观众。

**家庭型重点小组的评论**

**以前：**

“展览非常成人化，根本没有考虑到儿童。很灰暗、压抑，

改造之前的伦敦博物馆

改造之后的伦敦博物馆

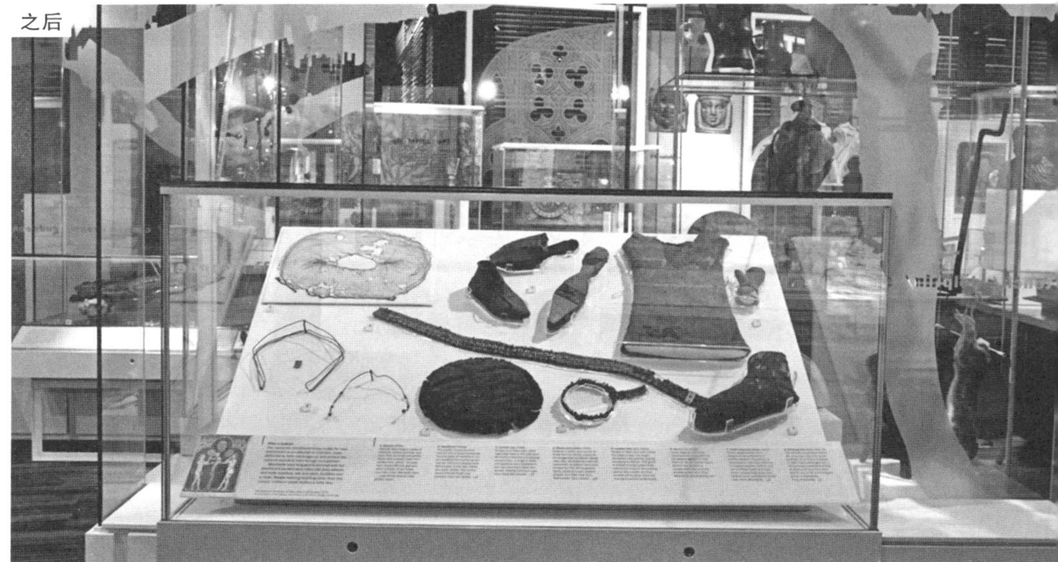

我想立即就出去，太学究化了。”（成人参观者）

“太注重成人参观者了。”（成人参观者）

“没有多少可以做的或触摸的。”（儿童参观者）

“我觉得字太小了，甚至大人都不能理解多少，你都不会想花时间去理解。”（儿童参观者）

**现在：**

“我觉得现在好多了。我发现不知不觉我就在这里停留了很久。作为父母，我发现那些通过互动等娱乐性项目获得的信息量也相当不错。有很多你可以讲给你的孩子听。”（成人参观者）

“我觉得这个展览有提高，因为这次参观完后我还想下次再来，而之前我从没有这样的感觉。”（成人参观者）

“很照顾孩子，我下次还想来。”（儿童参观者）

“比以前好多了，不再堆砌在一起，色彩也更丰富了，以前感觉很枯燥和灰暗。”（儿童参观者）

做一个新展览或对已有的展览进行改造需要真正的创造性和对细节的把握。你认为足够好的文本也许依然有修改的空间，看上去基本合适的图片或许并不真正合适。参观者会留意到这些不同之处，也许他们并不能清楚地表达出来，但只要你做对了，你会看到在新展览上，他们兴致勃勃地观看着，似乎很受展览的启发。这就说明，你的展览在改变人们的观点、想法甚至生活上取得了一定的效果。

撰写本章的目的是想鼓励更多的博物馆去接受“换一种说法”的挑战。经验表明，即使是很小的团队，即使只有很小的预算，依然能够获得很好的效果。

# 七、工具和资源

这部分给出一些在展览的设计和改造项目中比较实用的工具和资源，并在文末附上两个案例。

## 创意简报（标书）核对清单

### （1）项目导览

简报的开头首先对博物馆和项目进行总体介绍，包括如下要点：

- 项目的规模和范围
- 博物馆的性质
- 项目的起因或由头（如重大纪念日、新建展馆、展厅改造等）
- 项目实施和完成的时间计划表

其次，简单阐明项目对设计团队的要求和期待，包括：

- 合作方式、创意范围
- 已确定的决策和规划
- 博物馆内部团队将在本项目中所担当的角色和职责

### （2）诠释策略概要

设计师没有时间通读展览的完整诠释策略，所以要在简报中给他们提供一份诠释策略的概要，简述本次展览的主题以及对展览主题的诠释性思考。概要中要写明：

- 展览的主题是什么。
- 展览的观众是谁。
- 展览要传递的信息是什么，目标是什么。

另外，也要列出已经决定的事项，比如：

- 目标中的参观体验

- 展览的语调
- 故事线
- 可供展览所用的潜在资料及其优先次序

**（3）面向设计师、文本创作人员、研究人员的描述**

简报中要有特别针对设计师、文本创作人员、研究人员的部分，需要明确写出在设计层面哪些方面已经有决定，哪些方面还期待设计团队进一步创意。开头要详细阐述所期待的参观体验，这将为设计、创意人员指出方向。

**（4）目标参观体验描述**

- 展览是想向观众传播知识或理念，鼓励他们自己去探索、思考并在展览中寻找能证明自己思考的证据吗？
- 展览是以文字为主还是图片为主？
- 观众在参观中将如何看懂展览？主要通过文字，还是通过文字、图片、文物的配合进行理解？

**（5）关于展览的文字创作**

a. 文字在展览中的角色

- 展览中的文字是作为展览与观众交流的主要方式，还是作为启发式体验的一部分？
- 除了展板上的文字之外，是不是还有其他形式的文本交流，如音景中的人物说话、语音导览、视频中的对话或歌词、宣传册页上的文字等。

b. 展览的内容如何传递给观众（展板、视频、音频、展柜内的图板？）

c. 口吻

- 哪一种（或几种）口吻对该展览的目标观众比较适宜？
- 前期的观众调查表明观众希望得到什么样的信息？

d. 研究和材料

- 博物馆是否具有展览铺开故事线所需要的所有信息和诠释材料？给文本撰写人的简报中是否注明其他可能获取所需材料的渠道？

- 展览的故事情节和展本将被如何评估？信息和诠释的准确性将如何得到确认？

**（6）图片研究人员**

- 你需要图片研究人员为你提供什么？你已经具备了哪些图片？
- 博物馆现有的图片或图像状况如何？
- 图片在展览的整个诠释策略中占多大比例？
- 共有多少图片需要通过外部渠道获得？
- 预算限制
- 需要哪种格式的图片？

图片研究人员的工作范围：

- 与项目团队保持联系
- 对版权费用作预算
- 获取图像
- 在图片提供方、设计师和博物馆方之间进行协调
- 对版权相关事项进行谈判
- 沟通图片版权认定事宜

**（7）关于展览的平面设计**

平面设计人员的创作空间有多大？他们需要做出哪些成果？平面设计很大程度上依赖于博物馆所希望取得的参观体验。其他还需要考虑的方面包括：

- 简要列出平面设计所面临的创作机会
- 需要交叉使用其他形式（如：印刷、网页、明信片等）
- 对内容、观众阅读年龄、观众接近性的评估
- 设计阶段将进行进一步评估的范围、对展览设计模型的要求
- 博物馆目前关于平面设计的各种规定，例如：时间格式、字号、斜体字的运用、图片的运用等
- 展览的语言

**（8）设计公司的应标要求**

需要设计公司如何回复？他们的回复将被如何评估？

- 要求参评设计公司提供一份对该项目的回复。给他们布置一项具体任务（例如：如何保证展览能针对目标观众获得最好的效果），让他们证明自己的创意能力。
- 要求参评公司做一个宣讲，重点介绍他们之前做过的项目，阐明这些过去的项目经验将如何服务于目前这个项目。

对所提供的回复和应具备的要求，以及评估将采用哪种标准给出明确的指示。

**（9）实际方面的细节**

简报的最后部分需要对投标过程、工作日程表、成品交付期和其他一些实际性的项目要求做出清晰的解释。

## 评估方法和工具

**（1）观察评估**

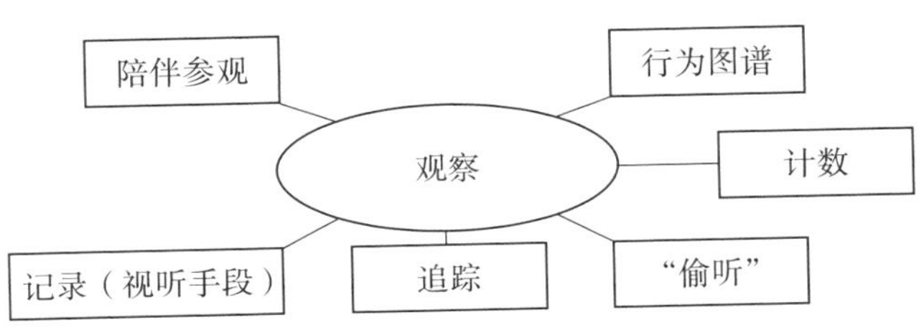


**（2）实证评估**

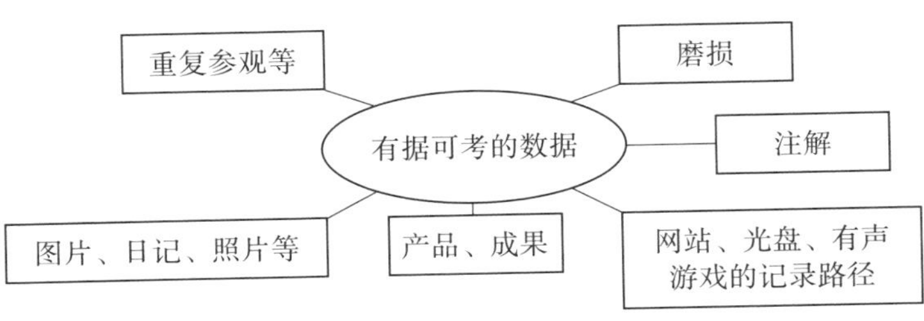

### （3）任务导向型评估

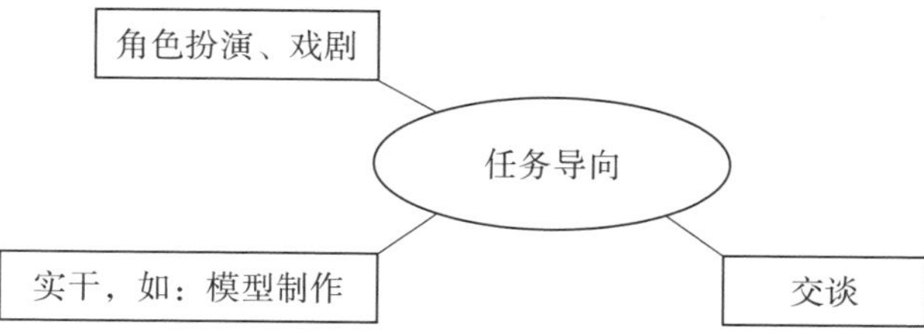


### （4）访谈评估

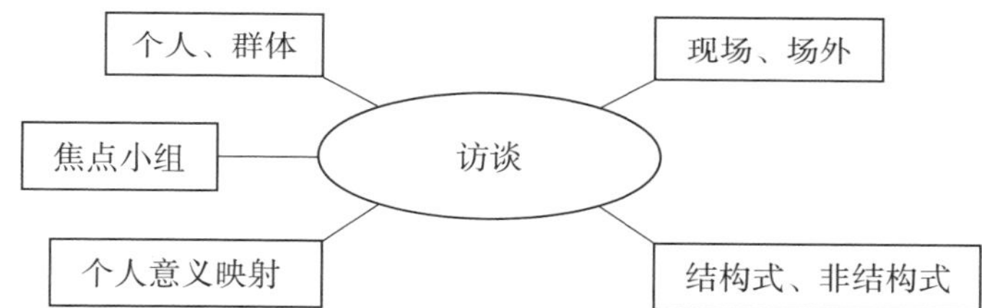


### （5）问卷调查评估

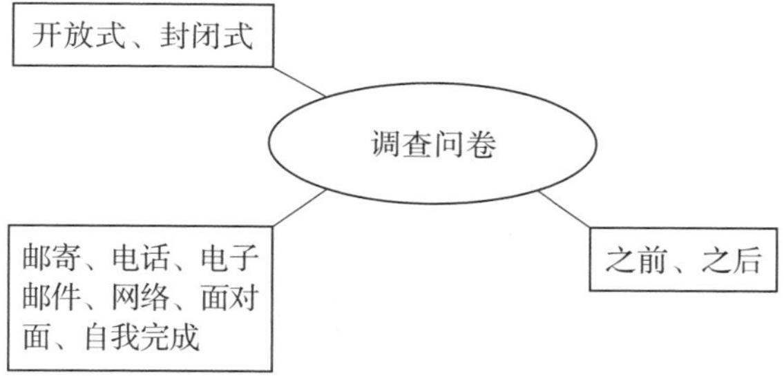


### （6）观众反馈评估

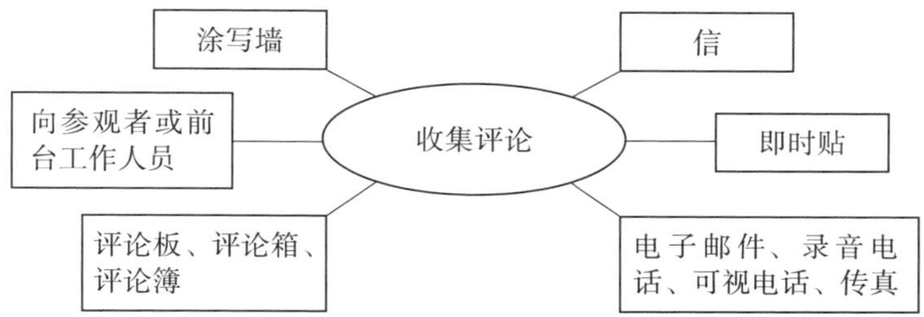

## 案例一　格兰特博物馆设计简报

### 背景介绍

格兰特博物馆（Grant Museum of Zoology）被描述为“疯狂的收藏者的起居室”。这是个很小的博物馆，带有浓厚的维多利亚色彩——依然按照1828年初建时候的样子摆设（在分类上，所有的标本都按照亲属关系放在一起）。由于缺乏足够的空间，这个博物馆的部分展示极度拥挤，这给博物馆的内容诠释造成了很大的问题。

博物馆的藏品主要是动物头骨和保存在液体中的标本，也有一些用剥制术处理的标本和化石。该馆作为教学型博物馆而建，现在依然在伦敦大学学院的教学中和周围社区的教育中起着重要的作用。该馆已开放七年，但其在内容诠释上无法满足新用户的需要。这也是该馆参与这个项目的动因之一。

馆内的标本被保存在二十个左右的箱子中，有一些正在展示，但都位于同一间屋子中。

### 项目目标：对展览文本重新诠释，以适应非专家型观众

具体包括对展览的展品标签、展板说明等文字诠释进行重新撰写和制作，为重要的标本配上手持式说明牌，增加一块展板对博物馆进行整体介绍。

项目的美术设计主要包括两部分：

1. 根据实际的展览空间和展柜条件找到最合适该展览同时又符合博物馆宗旨和风格的表现方式，其中也包括展品说明牌的设计和呈现风格。

2. 根据第一点中所确定的基调设计出展品说明牌和展板的格式，使博物馆整体格调上给人耳目一新的感觉。

总的说来，这个博物馆是在为馆内的一系列表达（包括展品说明牌、展示面板、便携的信息册页、楼层图、展览海报等）寻找一种基调，或称之为一种格式，可以为目前和以后的展览所遵循。

## 方法

设计师所需要做的：

● 与博物馆工作人员合作，在博物馆的空间和展柜的基础上，为博物馆的表达找到最佳方式。

● 提出一个概念设计供讨论和深化。

● 概念提出后做出一系列模型供形成性评估测试。

● 按时间表着手进行深度设计，结合考虑形成性评估得出的结论。

● 向博物馆提交针对该展览的设计成果。

● 向博物馆提交一整套文本陈述模板，为未来的展览所套用。

博物馆需要做的：

● 为该项目开展各项研究和评估工作。

● 针对想要获得的博物馆传播和展示效果，给出明确的、具体的指示。

● 按照项目进度表提供所需要的图片和文本。

● 按照项目进度表对概念设计和深度设计进行签名认可。

● 对设计模板以何种格式提交做出具体规定。

● 正、副策展人需要对每个阶段的工作进行评估并签名认可。

## 诠释策略概述

作为工作型博物馆，格兰特博物馆和其收藏的标本有着极为迷人的历史——这个事实很值得传播。教学和研究在这里开展，许多标本背后都包含着一些有意义的故事。

格兰特博物馆的传播目的并不主要在于传播自然历史，而是要表明这个博物馆是一个标本收藏地，每个标本背后都有着独特的故事。例如，有些标本也许曾被某个历史科学家用于研究，有些标本也许来自某些已经灭绝的物种，有些标本也许用一种很有趣的方式制成，有些证明了某些特殊的动物学进程。目前整个博物馆并没有一个中心主题贯穿其中，每个标本都讲着各自的故事，或是历史方面的，或是神话方面的，或是博物馆学方面的，或是生态学方面的，或是动物学方面的。

格兰特博物馆把非专家型成人定为目标观众。从观众调研可知他们知晓该博物馆的学术背景。他们对博物馆工作人员是动物学家这一点很满意，因为可以向工作人员咨询标本相关的信息和资料。这一点很有价值，应该在博物馆的陈述语调中特别呈现出来。因为展览的目的是激发观众对各个标本的好奇心，增加他们对自然界的理解和热爱。毕竟，这个展览在很大程度上是一个标本主导的展览。

### 工作范围

目前有三种风格的展示，分别对应于

1. 无脊椎动物：体积较小，紧密地放在小展柜里
2. 脊椎动物：体积较大，放置得略微宽松
3. 公开展示的标本

我们想在整个馆里使用层级式陈述，主要由以下几部分组成：

（a）展柜面板：用于一个大类的标本。这些面板用一个段落配以图片来介绍属于某大类的所有动物标本。

（b）详细说明牌：针对某单个标本或者一小类标本。这一小类包含的标本都是非常接近和类似的动物。说明牌上注明了标本的名字，并附有图片以及一到两行的说明文字。

（c）基本说明牌：仅仅标注标本的名字。

（d）“格兰特博物馆之友”标签：用于公众所“认领”的标本。标

签上除了注明“格兰特博物馆之友”，还会写上认领人的名字，例如：“约翰·史密斯认领了这个大象头骨”。

美术方面的工作主要是为目前的展览做出一套设计，同时也制成一套模板供以后的展览套用。

除了裸展的标本，所有的展柜都将贴上一个“说明牌”，且针对不同类别的标本给予不同层级的说明牌。例如：对于存放无脊椎动物标本的展柜主要使用“详细说明牌”，少数用“基本说明牌”；对于存放脊椎动物标本的展柜，主要使用“小标本说明牌”，仅对个别标本使用“详细说明牌”；对于裸展的标本，都使用“详细说明牌”。

目前的展览中，展示脊椎动物标本的展柜是双面的，但中间并没有分隔，观众在一面观看展品的时候能看到另一面展品的背部，这就使观众觉得眼花缭乱。设计师在设计说明牌的摆放时需要考虑到这点。

有一部分标本有语音导览和信息介绍，设计师需要设计一个系统对此进行标识，比如在说明牌上印上用某种颜色的标记，让观众一目了然。

设计师也要规定说明牌的大小以及上面所有内容的格式（如图片尺寸、字体大小、解说文字的间距等）。另外，我们也要求设计师制定说明牌的摆放风格。

## 信息页

有些标本需要尽可能多的文字说明，当说明牌不够空间放上这些文字时，信息页就是个很不错的补充手段。在这种情况下，说明牌上应注明该标本有信息页。在同一展柜里的标本的信息页可以一起摆在展柜上或展柜附近（信息页的摆放系统不容忽视）。

每张信息页上都有2—4个关于该标本的议题，议题的选择取决于标本自身的故事，一般从以下几方面考虑：

- 关于该标本（如：相关的著名科学家；这个标本是如何成为该博物馆的收藏的）
- 该标本相关的自然历史知识（如：该物种的栖息地、饮食情况）
- 涉及该物种的神话、传说
- 对于该物种的保护
- 相关的科学知识（如：繁衍生殖、生物医学方面的研究）

我们要求信息页做成双面的，并包含一些图片。其他设计元素都由设计师决定。但我们需要一套模板，以供将来我们自己更新。

### 楼层平面图

我们已经有博物馆布局图，但我们希望重新做一个能引导参观者的楼层平面图，这个楼层平面图必须与展览的说明牌等风格一致。出于节约成本考虑，楼层平面图须采用可复印的格式，如果找不到另外更好的解决方式，可使用双面印刷的 A4 纸。

在楼层平面图里我们将列出该展区展出的明星展品，且对每件明星展品附上一句话介绍。

### 信息板

我们希望在入口处放置一块介绍博物馆的展板，展板上的内容包括“关于本次参观”“关于博物馆”或诸如此类的表述，另外也附有一张博物馆地图。对于展板上的文字格式和展板在入口处放置的具体位置，我们留给设计师定。

### 宣传册和海报

我们希望博物馆的宣传册和海报能统一协调地体现博物馆的整体风格和感觉。这项费用需要单独列出。宣传册和海报的设计风格要考虑与其他媒介（如明信片、网站）的整体划一性。

## 文本创作

博物馆内所有的展示文字都将由博物馆的工作人员编写，将以一种专家型的、权威性的语调呈送给观众。不过信息页上文字的风格将会比较生活化。

展览的助理策展人负责在整个项目的过程中与设计公司保持随时的联系。

我们的目标是让参观者在离开博物馆时感觉到自己在博物馆看到了一些不同寻常的、奇妙的东西。为了让参观者理解所看到的标本，在标本旁放置说明牌还是很必要的。标本有时并不能表述自身。

## 案例二　布鲁内尔博物馆的诠释策略

| | 这是个关于什么的展览? |
|---|---|
| 注解 | 罗瑟海斯的布鲁内尔隧道和它的作用 |
| | 展览的目标观众是谁? |
| 注解 | 展览主要针对博物馆附近可步行或短途到达范围内的二年级在校生，因此博物馆必须具备教育意义<br>对于有专业兴趣点（如：罗瑟海斯老城、布鲁内尔、伦敦）的观众，博物馆入口处有专门针对各兴趣点的信息页发放，上面还推荐了一些其他值得访问的地方 |
| | 其他的利益相关群体还有哪些? 他们各自的期待是什么? |
| 注解 | 国家彩票基金赞助了墙上的展板，他们期待这些展板成为展览主题诠释的一部分<br>博物馆理事会一直不喜欢展览的焦点放在布鲁内尔个人身上，但最近他们的这种不喜欢程度已经降低。他们担心展览的改造会降低博物馆的专业层次，但同时也承认现有的展览已经过时，而且对于公众来说目前的展览过于强调工程方面的色彩<br>也有部分观众对工程学、布鲁内尔本人以及这桩老楼的历史有特别的兴趣 |

（续表）

| | 观众对展览的主题已经了解多少？ |
|---|---|
| 注解 | 关于布鲁内尔先生的背景方面的知识，已经由 2004 年一个叫“伟大的不列颠人”的节目进行了宣传，大多数人知道维多利亚时代有个做工程的人叫布鲁内尔。但是大家对罗瑟海斯工程了解甚少，即使是居住在罗瑟海斯的人。大家也许知道布鲁内尔参与了修建隧道，但并不真正了解这条隧道的重要意义以及它今天还在使用中<br>也许大家都感到 I. K. 布鲁内尔是一位在维多利亚时代负责修建了伟大工程的伟大人物，但对于为什么布鲁内尔如此伟大，或为什么他的设计如此具有历史创新意义，并不了解多少<br>关于历史应该如何被教给下一代、如何被理解，评估小组认为，孩子们对历史人物故事比较感兴趣，在这个例子中就是修建了隧道的布鲁内尔这个人，他的人生和生活<br>**观众参观这个展览的原因：**<br>● KS2 级学生可以此作为教育大纲中关于“维多利亚时代”知识点的学习内容之一，或作为他们“当地历史”部分的学习内容<br>● I. K. 布鲁内尔相关的知识是 KS2 级学生的建议学习点，但目前来看该知识点被选用的比率并不大。该展览也许可以迅速扭转这种局面，因为教师们对这个展览主题表示出了很大的兴趣<br>● “考试与课程局”12 级的学生可以此了解本地在维多利亚时代的变化<br>● 对“布鲁内尔”怀有极大兴趣的参观者<br>● 沿着罗瑟海斯相关景点一路走的观众<br>**比较常见的误解：**<br>● 分不清马可·伊桑巴德·布鲁内尔和伊桑巴德·金德姆·布鲁内尔的区别<br>● 认为当年所修建的隧道就是如今的公路隧道<br>● 以为参观的是附近的“泵房教育博物馆” |
| | **你希望观众在看完展览后了解些什么？** |
| 注解 | **1. 关于布鲁内尔父子**<br>● 马克·布鲁内尔对现代的贡献（包括机器工具）<br>● I. K. 布鲁内尔与伦敦的关联（桥、隧道、船）<br>● I. K. 布鲁内尔对工程学的毕生贡献（蒸汽船、铁路线、桥）<br>● I. K. 布鲁内尔与罗瑟海斯隧道的关联<br>● 擅于解决问题的布鲁内尔父子发明相关技术解决实际问题<br>**2. 关于隧道**<br>● 为什么一定要修建隧道<br>● 遇到了哪些工程学方面的问题<br>● 布鲁内尔父子如何达到目标（如：隧道是如何修建的）<br>● 修建隧道的工人们，他们的工作环境、风险<br>● 隧道修建队遇到的天灾、危险<br>● “5·18 洪水”对隧道造成的致命打击<br>● 对隧道的奇思妙用，如：娱乐、餐饮<br>● 隧道的历史以及作为旅游景点的传统 |

（续表）

| | 你已经掌握哪些评估数据，还需要哪些？ |
|---|---|
| 注解 | 1. 对目前的展览观众喜欢哪些方面？<br>2. 他们想了解更多关于为什么要建隧道、如何建的以及修建者的信息吗？<br>3. 观众在博物馆参观时走的路线以及停留的主要点是什么？<br>评估小组对布鲁内尔故居就位于本区域这点非常看好，认为可以使用现场解读方式为展览增加亮色<br>目前展览上的图片和文字被认为太单色化，不易阅读，文字过于紧密，字体过时<br>评估表明观众对隧道修建者（包括修建工人）的生平经历很感兴趣。观众也想了解更多关于布鲁内尔父子的社会生活，如他们的日常生活、饮食起居等<br>博物馆目前的展览缺乏一条清晰的参观路线，需要给观众更多的参观指引。虽然已有特别对学生团队制定的路线或准备的材料，但对展览主题的诠释还需要简化，以便他们更好地理解 |
| | **馆藏的强项和弱项分别是什么？** |
| 注解 | 强项：19 世纪的文物以及与隧道相关的珍贵图片<br>弱项：没有真正属于布鲁内尔父子的个人物品；底层展厅被一架与展览主题毫无关系的巨大的蒸汽机占据 |
| | **有哪些非藏品物件或资料可以利用？** |
| 注解 | 布鲁内尔博物馆有一项很强烈的“真人秀”演绎传统，博物馆工作人员打扮成 I. K. 布鲁内尔在展厅对观众进行导览。也可以请一位法语志愿者扮演马克·布鲁内尔进行展览诠释<br>博物馆附近有一处可以俯瞰整条河，让观众对整个隧道工程有一个直观的概念<br>馆舍是一幢当年的老楼，旁边就是当年挖隧道时的竖井<br>竖井周围的区域已经被重新装饰，有一张做成船形的非常漂亮的桌子。博物馆计划再添上以 I. K. 布鲁内尔设计的最为著名的桥梁为原型的长椅<br>与伦敦运输部门合作，为隧道制作特别的导览。隧道灯火通明，火车经过时放慢速度，以便乘客可以仔细欣赏布鲁内尔的杰作<br>博物馆旁边的楼里有一座面向公众开放的图片研究图书馆，里面有关于这个区域的珍贵历史图片，图书馆也拥有电影戏服的精彩收藏<br>布鲁内尔工程屋是罗瑟海斯经典历史古迹游览路线上的景点之一 |

（续表）

<table>
<tr><th></th><th>博物馆的其他诠释和传播手段有哪些？</th></tr>
<tr><td>注解</td><td>“工程屋”目前正开始筹建网站，用来加强展览的诠释。<br>计划开发一套有专门知识点的信息册，作为对展览本身大众化诠释的补充。这套信息册计划包括的主题有：<br>• 马克·布鲁内尔的人生<br>• I. K. 布鲁内尔后期的成就<br>• 隧道设计和建造方面的专业技术数据<br>• I. K. 布鲁内尔与伦敦的关系（船、隧道、桥）<br>• “工程屋”的历史<br>• 伦敦的现代城市交通<br>• 罗瑟海斯值得参观的其他景点</td></tr>
<tr><th></th><th>希望博物馆选用何种口吻？</th></tr>
<tr><td>注解</td><td>目前展览的口吻比较正式，文字大段展示。博物馆希望改成更友好的界面。关于隧道和工程方面的信息需要更简明准确，但不应该过分占据整个展览的诠释<br>展览展示的信息应该易于目标观众（即中小学生）阅读，可以采用列表、点句等形式，多用更能抓住注意力的“如何做……”句式。口吻可采用“友好的专家”式，传播知识但面向非专业观众。采用直接引用和关键文字高亮法打破大段文字的单调，为展板增添活力和设计感</td></tr>
<tr><th></th><th>整个展览的叙事结构或故事形态是什么？</th></tr>
<tr><td>注解</td><td>布鲁内尔父子和隧道的故事并不适合直接的时间顺序，因为这个隧道工程曾有过多次的停顿，也曾被用作不同的用途。<br>建议的结构是通过八块结合了文字和图片的展板基于主题讲故事。博物馆的内部空间形状和分布将给观众一个围绕入口和夹层处的符合逻辑的顺时针路线，也就是说，八块展板将按一定顺序分布在观众游览路线的不同处。展览的故事线如下：<br>• 在泰晤士河下修建一条隧道背后的合理性（如：经济需求）<br>• 马克·布鲁内尔，他的背景以及他与隧道工程的联系和做出的贡献（不是指工程方面的细节）<br>• 在河下修建隧道的工程学方面的困难<br>• 隧道的施工工人，他们的工作、风险、福利<br>• 天灾和危险，如：洪水、大火、气体<br>• I. K. 布鲁内尔在隧道里的工作，以及对他职业生涯的影响<br>• 当时这条隧道是如何使用的，以及它在今天的作用<br>• 隧道作为旅游景点</td></tr>
</table>

（续表）

| | 希望给观众哪些参观体验？ |
|---|---|
| 注解 | 希望多大程度的多样性和统一性？考虑以下选项：<br>● 大部分参观体验依然是文字和图片驱动的<br>● 互动式的“西洋镜”装置很受观众喜欢，可在板块过渡区设置一个<br>● 楼上有一个大屏监视器，楼下设一个电视屏幕<br>● 学生或其他参观团队可以沿着泰晤士河边走，看看布鲁内尔设计的塔桥。现场导览从河堤处开始，给观众一个直观印象，理解当时建造水下隧道的必要性和困难<br>● 竖井外的船形桌是展览的趣味延展，上面有空白的瓦片供孩子们涂鸦。观赏这些涂鸦并尝试理解他们所表达的意思，对于成年观众不失为一种很有意思的体验。许多涂鸦的瓦片都是精彩的设计作品<br>● 博物馆设有专门面向儿童的博物馆日，举办一系列丰富多彩的活动<br>● 与伦敦运输局合作开发了隧道的团队游览项目，游客乘坐火车经过隧道可慢慢欣赏这件伟大的工程作品 |
| | **项目的评判标准是什么？如何评测？** |
| 注解 | 是否以“被当地学生更好地使用”作为评判项目成功的标准？ |

# ◀ 第三章 ▶

# 博物馆、故事、流派

凯瑟琳·古德诺（Katherine Goodnow）

我们都已意识到叙事或讲故事对于一个博物馆的重要性，这些故事可以是真实的人讲述的他们的亲身经历（如个人故事、口述史），或者是演员通过扮演角色讲述（如展厅的场景化展示中演员身着戏服化身历史人物讲述），或者通过专业讲故事的人讲述（如讲解员），更多则是由博物馆展览中的展品、文本来讲述。我们如何讲述才能使得这些故事寓教于乐吸引观众呢？我们可否从电影、电视、文学作品等其他传媒手段中得到一些启示呢？

本章将重点讨论叙事或讲故事手法在博物馆实践中的运用，以及博物馆如何通过展品和文本讲故事。在此过程中我将运用一些叙事和传媒理论，并将通过几个具体的博物馆展览案例对相关概念作出解释。

在“换一种说法”一章，作者向我们系统地展示了博物馆展览中如何根据你想要讲述的故事类型来布局你的故事，比如，你是想讲述一个严格按照时间顺序发展的故事，还是就某个展品从不同主题角度讲述其背后的故事？这些方面的内容我就不再重复，在这一章，我想回到故事的本身，探讨一下观众喜欢并期待的故事结构，以及这些故事结构如何为博物馆所用。

不管是由专业人员讲述的故事，还是通过物件和文本组成的展览，我们需要问的是：有效叙事的基本要素是什么？为回答这个问题，我把本章分为四个部分讲述：第一部分“目标、转折、结论”——从故事结构方面讲；第二部分“角色发展”——从角色刻画及故事变化方面讲；第三部分“场面调度”——从故事所设置的形式和氛围上讲；第四部分“流派与合约”——从我们给予观众的期待上讲。

## 一、目标、转折、结论

每一个“好”的故事总是包含着开头、发展、结尾三个部分。我在“好”字上加了引号是因为许多故事都游戏于这个经典结构。例如，我们可以先讲故事的结局，然后回过去展示我们（或故事的主角）是如何一步一步走到这个结局的。这种结构在博物馆展览中经常见到，比如，一代帝王的陨落、一条河流的干涸、庞贝古城的毁于一旦——疑问由此而生：发生了什么事？先讲述故事的结局并不代表不能采用叙事陈述的结构，但我们也要注意到倒序叙述与传统的顺序叙述之间的差别。

不管是顺叙或倒叙，故事的开端总会先设置一个情景，从而我们得以知道这个故事把我们带到了哪个地方、带进了哪个历史时段。我们会一一认识故事的主角——他们或许是政要，或许是明星，或许是奴隶或者探险家。故事主角可以作为展览的主要陈述者或信息源，如伦敦博物馆关于1666年那场烧掉半个伦敦的大火的展览——“伦敦在燃烧：1666年的伦敦大火”（London’s Burning: The Great Fire of London 1666）。故事主角也可以是单个人物，如在“戴安娜：一场盛典”（Diana: A Celebration）展览中的威尔士王妃戴安娜。

展览中的场景可以进行任何方式的布置，比如可以对原址进行修复和重建，可以布置成一个门前的过道，甚至可以如伦敦博物馆的“归属：伦敦难民的声音”展（Belonging: Voices of London’s Refugees）那样布置成机场的安检处。

来伦敦博物馆观看“归属”展的观众必须由一个布置成登机通道的入口进入展厅，以此象征伦敦的移民们到达伦敦的旅程

伦敦博物馆“归属”展上一个机场用的抵达目的地的电子指示牌，象征着该展览由此开始

以机场电子指示牌的形式展示展览的几个主题

展览的基调定好后，通过一块文字面板向观众介绍他们即将体验的展览主题

关于故事的开头，在电影或者大型展览中也可通过某些事情的发生来展示，就如某种平衡被打破，比如：借鉴西方流派式的“一个陌生人来到城市”；军事或犯罪风格式的“某个人被杀了”“一场战争爆发了”；探险、征服式的“某个任务需要完成”。再比如这个例子：张骞接受汉武帝下达的任务于公元前138年出使西域，以联合游牧民族大月氏共同攻打匈奴。这就是常用的开始一个故事的方式。

由此，电影或博物馆展览中，主角的目标就是要使他们的目标或任务得以达成，也就是说，要重新达到某种被打破的平衡。这个最终达成的目标或平衡也许与故事开端时的并不相同。张骞历经多年去完成他的任务，但最终的结果或说新的平衡却是促进了汉朝与西域各国的交往以及汉朝的扩张。

对于博物馆展览而言，引起故事开端的事件可以是一个王朝的开始、一场火灾的爆发（如“伦敦在燃烧”展）、一个婴儿的诞生（如“戴安娜”展）、离开或到达一个国家（如“归属”展）、科学上的一大突破或冰河世代的终结（如“伦敦之前的伦敦”展［London Before London］）。

展览开头时的介绍就如打广告——“大家看过来：新情况，新事件，本展览将为您展示真相”。

同时，展览的开头也常常会设定一个发展过程，如：一个孩子在成长、这个国家正在发展、一场大火在蔓延、那位异乡人需要融入当地。

在这个发展过程中，故事的主人公（或是故事所讲述的社会）将会遇到各种挑战需要他们去接受并克服。在童话故事或神话传说中，这些挑战和目标常以最简单的形式呈现。例如，挪威传说故事中的经典人物阿斯克兰登（Askladden）需要克服各种困难才能娶到公主并拥有国家的一半土地；中国经典小说《西游记》中唐僧师徒需要历经九九八十一难方能取得真经。

同理，在博物馆展览中，“主人公面临挑战并奋力解决”这一命题也许演化成科学家们努力解开某个谜团、探险家们勇敢穿越丛林或沙漠。回到张骞的例子，张骞出使西域所面临的挑战不仅来自那些敌对部落，也来自恶劣的自然地理条件。

在“戴安娜”展览中，她在婚姻中遇到的困境就是她所面临的挑战；在“伦敦在燃烧”展览中，那场大火以及大火导致的一半城市居民的疏散就是故事主角（伦敦）所遇到的挑战。

故事中的目标如果未能完成并且引起了一定的后果，那戏剧紧张度就将进一步提升。比如：如果伦敦的那场大火未能及时扑灭，整个伦敦城将毁于一旦，混乱将进一步持续。

在科学展览的例子中，这种因目标未能完成而导致的故事紧张度提升表现在，如：因某种疫苗没有被及时研究出来而导致疾病、传染的恶化；因世界范围内人们对限制使用矿物燃料还缺乏足够的意识和认识而导致全球变暖和环境污染的进一步恶化，从而使人们进一步恐惧。

在经典的好莱坞剧本中，这些挑战及对挑战的克服往往与所谓的“情节点”相一致。这些情节点就是故事情节突然发生转折的地方或时刻。这种转折有时是负面的（如：妻子发现丈夫的不忠），有时是正面的（如：王妃摆脱了她不幸的婚姻并最终遇到了挚爱）。就经典的好莱坞剧本而言，如果严格按照套路——每一页剧本大概是一分钟的戏，一个典型的120页的剧本，这些情节点一般在第三十页和第九十页中出现。

在博物馆中，我们经常把这些情节点——简单的说法就是这些故事的转折时刻——安排在一个历史时间段的开始处，通常是一个展厅的开端部分或者同一个展厅中的一个展览单元的开端，在小展厅里甚至是一块新的展板的开头部分。

在电视连续剧尤其是肥皂剧中，故事的转折往往设置在每一集的最后，以悬念的方式吸引观众下次继续观看——“欲知后事如何，且听下回分解”。在博物馆的展览中，我们也需设置这样的悬念来留住观众，使其有兴趣继续下一展厅的参观，而不至于觉得无聊而离开。

在展览中，这些情节点可以是一个新问题的发现并亟待解决，或是一个未解的谜团需要科学家或探险家的继续努力。有时候也可用类似于“预先警告”的形式把情节点透露给观众，加强故事的紧张度，如：大坝出现裂缝、河流开始断流、飓风将至——亟须新技术、新政策来解决这些问题。

在电影中，影片结束前半小时悬念往往会进一步加强：我们会达到目标吗？外星人最后会被征服吗？大火最后会被扑灭吗？在电视连续剧中，不管是剧情类还是真实记录类，为了持续地吸引观众，故事中的目标或任务会被不断地改变、延展或推迟。

情节点、悬念、预先警告一路铺开，在“伦敦在燃烧”展览中，先是大火发生，随而火势蔓延，然后大火基本被扑灭，新的平衡重新构成，可是，在最后一段又来了个情节点——火势突然又变得剧烈。整个故事基本上沿着这一情节发展顺序走，一些特别的主题则通过额外的空间加以展示和强调。“戴安娜”展中的情节点主要分布在三处：她的婚姻、分居及离婚、她的去世。

但是，正如前文已提到的，电影、文学作品、博物馆展览的结尾虽然通常是要重新达到一种平衡，但这并不意味着要完全回到一开始的状态。“伦敦在燃烧”展中，大火被扑灭了，混乱的状况安定下来，可大火之后伦敦的政治和社会情况与大火之前则截然不同了。

同样在“戴安娜”展中，戴安娜的去世宣告了一种结束，一种对她出现在世界舞台之前的状态的回归。可英国人民及英国皇室的生活却已无法再完全回到从前。戴安娜生前在慈善界留下了极为深厚的影响，她不幸的遭遇也使英国人民与皇室之间的关系受到了一定的挑战。在这之后，脱离英国皇室、建立共和体制的愿望也在英联邦国家如新

“伦敦在燃烧”展览的结尾探讨了火灾之后的一种新的平衡以及大火给伦敦所带来的社会政治变化

西兰、澳大利亚等进一步萌发。

讲到此，我们不禁要问：叙事手法和戏剧元素在影视和文学作品中的成功应用为什么没有导致其在博物馆展览中的广泛采用？

原因之一就是博物馆本质上毕竟还是以文物为中心。我们一方面在烘托文物的展示氛围，使其更容易为观众所接受，另一方面很自然地也会担心过多的故事讲述会否降低文物的庄严性，影响其在观众心目中的地位。如埃及法老图坦卡蒙的面具、中国秦朝陶俑等这些展品，很显然，光是物品本身的魅力就足以征服观众。观众在走进博物馆之前就对这些展品背后的故事耳熟能详，在展品旁的标签上加以简略介绍就足以说明该展品的历史和价值。但是，我们也可设想一下，若辅以更多的有趣、迷人的信息，这些展品是否会更具观赏和教育意义呢？

即使是那些不为人所熟知的展品，我们也不希望观众因为阅读展品的故事或评论展品而停滞不前，从而影响展厅的整体参观流——我们更注重整个参观过程的流畅通顺。

从这个意义上讲，我们就需要让观众在进入展厅参观前就对展品和展品背后的故事有所了解。例如，我们可以组织定时定点的展厅外讲解，让观众对展览有所准备；或者在展厅外放置说明板、显示屏等，介绍展品背后的故事。

即使是最以藏品为重的博物馆类型——如艺术博物馆，也开始越来越多地向观众提供展品的背景文化信息，他们通常会通过展品的选择和展示方式引出一些背景故事。例如，墨尔本的澳大利亚国立博物馆的“流亡和移民”展览（*Exiles and Emigrants*），以澳大利亚的爱尔兰、苏格兰和英格兰移民为主题，展出的绘画作品旁的文字说明不仅提供了作者的信息，也对移民现象背后的政治事件和背景作了介绍。

排队入场处的空间可用于相关知识介绍等

这些背景信息以前常通过博物馆的目录或讲解予以介绍，近来越来越多地采用挂在墙上的信息面板进行介绍。

对博物馆展览采用叙事结构持保守态度的另一原因也许来自设计师、藏品研究员、博物馆馆长之间的对峙，即他们所持意见的不同或对结果的不同期待。设计师更在意展品及其展示形式，研究员更在意历史准确性及藏品的分类，博物馆馆长则更注重考虑如何通过故事叙述等手段吸引更多观众。

这些“对峙”并非博物馆所特有，在制作历史纪录片时，导演和史学家之间也存在对峙。编剧和导演想要一个能够在30分钟之内讲述的故事，这个故事本身要对自己的真实性有自信，不能流露出太多的自我质疑；而历史学家则明显是另外一种态度。我们需要把这种各类专业观点的碰撞和妥协视作一个积极的创造性的过程，不管对于电影还是对于博物馆的展览。

也许有人会质疑叙事体手法和制造兴奋点的方式会否削弱博物馆自身所承载的史实教育的基本职责。另外一些人或许认为，观众的参与性是教育过程中不可或缺的一步。在“伦敦在燃烧”展览中，大火是展览中构建故事的戏剧元素。这个展览所担负的教育职责在于让观众在看完展览后能对那个年代的政治和社会状态有更深的理解。正是通过这个关于大火的故事，观众（包括孩子和成人）才了解到当时人们的生活状态和生活方式——如当时的住房风格、政治体制等。

由此可见，我们进行博物馆策展的目标是要在展品的氛围、设计和叙事元素、教育意义这三点之间找到平衡。关于博物馆展览中采用叙事手法的困惑和疑虑将在本章接下来章节的讨论中进一步涉及。

## 二、角色和角色发展

故事需要角色，这些角色可以引起我们的共鸣，可以用来强化我们所希望达到的展览主题。但是，对故事角色的使用——不管是把他们当作故事的陈述者还是当作整个展览设计的中心，通常都会给策展团队带来一系列问题。撇开这些问题，在这里我首先要讲一下在媒体和博物馆展览中的角色使用。

大部分的故事都包含正面角色和反面角色。反面角色在正面角色实现其目标的过程中制造困难、设置障碍。在“戴安娜”展中，戴安娜无疑是故事的正面角色，该故事的反面角色虽然在展览中很少提，但我们可看出是查尔斯王子，他在一定意义上是戴安娜服务于英国人民的道路上的障碍（这里需要提醒读者注意的是，这个展览是由戴安娜的弟弟斯宾塞伯爵主持的，也许斯宾塞伯爵比博物馆策展人更倾向

伦敦博物馆“伦敦在燃烧”展览中一块关于英雄与罪人的展板，该展板采用直接对话的方式增强与观众的互动

## Heroes or villains?

Some people acted very bravely during the fire. Others were dishonest and cruel.
Read the stories below. Who do you think was a hero or a villain?

**Thomas Bludworth, Lord Mayor of London**
Thomas Bludworth saw the fire at 3am on Sunday and decided it would go out by itself. He didn't want to order the pulling down of houses without the owners' permission. Could he have prevented the fire from spreading?

**King Charles II**
The king personally helped fight the fire. He lifted buckets of water and threw money to reward people who stayed to fight the flames.

**James, Duke of York**
The king's brother organised much of the fire fighting effort. He ordered the pulling down and blowing up of houses and saved people from being attacked by mobs.

**The London carters**
People were desperate to save their belongings from the flames. Carters started to ask huge sums of money for people to hire their carts. The price rose from 10 shillings to £40 (from £60 to £3000 in today's money).

**Mobs**
Gangs of people searched the unburnt streets, looking for foreigners they thought had started the fire. They attacked anybody who couldn't speak good English, even women.

**James Hicks**
This London postmaster saved as many letters as he could from the post office in Cloak Lane and fled to Barnet. He sent a letter to postmasters around the country to tell them about the fire.

**Schoolboys from Westminster School**
John Dolben, Dean of Westminster, and his schoolboys worked for hours to save the church of St Dunstan-in-the-East and nearby houses from the fire.

**Count de Molena**
The Spanish ambassador sheltered foreigners in his house in the Barbican to protect them from angry mobs.

**Thieves**
Rather than helping to put out the fire, many people looted abandoned houses and stole other people's belongings from carts in the confusion.

**Sir Edmund Berry Godfrey**
Sir Edmund Berry Godfrey, a magis was knighted by Charles II in September 1666 for his good wo during the plague and fire. Godfr was also a coal and wood merch He lived in Westminster so he di lose his coal stock in the fire.
In January 1667 he was accused raising the price of his coal – *'a very great Extortion and Oppression, especially to poor People.'*

display - cut out

Silver tankard, 1675

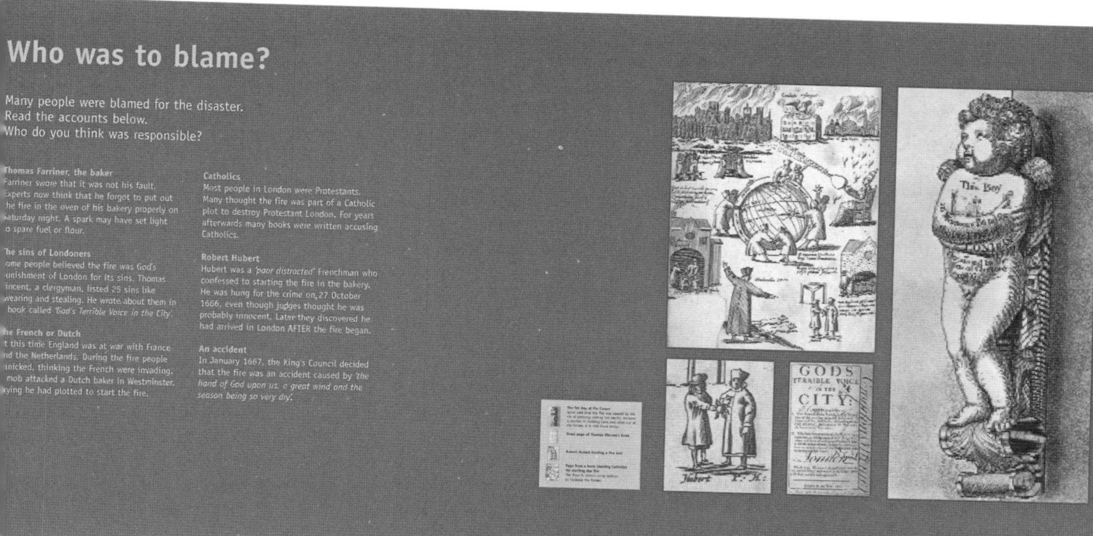


"该责怪谁?"——伦敦博物馆"伦敦在燃烧"展览中与观众互动的问题

于把查尔斯王子置于反面角色的位置)。

"伦敦在燃烧"展览中的正面角色相对来说不是很明显。全力以赴带领大家扑灭大火、拯救伦敦人民的地方行政长官(同时也是煤炭商人)爱德蒙·白瑞·戈弗雷爵士(Sir Edmund Berry Godfrey)本应算一个,可是他在大火之后抬高自己所售煤炭的价格牟取暴利的行为使该角色的正面性失去了光辉。这种类型的"转变"可以用来增强故事的戏剧性。

故事的主要人物有时也在一定意义上担当故事的讲述者的角色。在"伦敦在燃烧"展览中,三位主要人物塞缪尔·佩皮斯(Samuel Pepys)、托马斯·文森特(Thomas Vincent)、约翰·埃弗林(John Evelyn)都是大火的亲历者,他们留下的对这场大火的记述和评论是后人追索这场大火的主要资料来源。展览也通过"直接引语"的方式让故事的主角直接与观众对话(更多关于"直接引语"手法运用的例子可参见前一章"换一种说法",特别是第五部分"文字推敲")。

一个剧中观众能记住并留下深刻印象的角色数量有上限。对电视剧和肥皂剧而言，一般的经验是一集不超过三个故事或三个主要角色。超过这个限度，观众很容易就被各个人物各自的事件和线索搞糊涂了。当然，也会存在很多辅故事或围绕主要角色的辅角色。在系列性电视连续剧中，每一阶段的主角也许会略有不同，这样，整个剧下来，我们会熟悉剧中的许多角色。许多戏剧一般倾向于有三个主要角色（如《哈利波特》中哈利波特和他的两个朋友赫敏和罗恩），但会有一系列辅助角色。一般会主要刻画一个正面角色（英雄，如：赫敏）和一个反面角色（敌人，如：伏地魔）。电视剧《西游记》中，唐僧、悟空、八戒是主要人物（沙僧虽然也从头至尾出现，但刻画较少），每一集中，他们都会遇到一个主要敌人（及敌人的侍从们）。

电影中的主角、敌人等不一定总是人类。自然力量也可充当敌手。我们挑战自然、克服障碍、与自然的抗争可以用来推进故事的

What would you save?

People were desperate to escape the fire.
They tried to rescue as many belongings as possible.

Pepys said: *'the streets and highways are crowded with people, running and riding and getting of carts at any rate to fetch away things'.*

Thomas Vincent wrote: *'the owners shove as much of their goods as they can towards the gates'.*

John Evelyn saw people in the fields around London *'laying along by their heaps of what they could save from the fire'.*

“你想要拯救什么？”——通过直接引语让故事角色直接与观众交流

发展。

在整部电影或者小说的过程中，主要角色常常会有一些变化。弱小的、胆怯的正面角色往往会变得自信和强大。而那些负面或者敌对角色通常会被削弱甚至被征服——至少是在当时，若该故事还有续集的话那是另外一回事。例如戴安娜，在生活的种种挑战中，羞涩、胆怯的女孩日渐勇敢、坚强，以致敢于冲破不幸福婚姻的枷锁，并成为世界公益事业的明星。

在角色的使用上我们需要考虑哪些问题、注意哪些事项呢？角色的选择是一个主要问题。聚焦于一个人物是否会使观众忽略众多其他人物（他们往往也是英雄）的作用呢？“伦敦在燃烧”一展中，我们很可能会忽视那些留在火灾现场奋力扑火、那些不惜冒着生命危险去抢救出老弱病残的普通的人们。

对故事角色所据以的原始材料的选择也是个需要注意的问题。总的说来，所留存下的历史资料总是更多关注于社会上有钱的、著名的、有影响力的群体。就悉尼博物馆选择材料而言，来自统治者、管理者阶层的声音往往比来自服役者、土著人的更容易被听到，从而被选择。为避免这种偏向，博物馆的策展人就必须努力寻找和挖掘那些被遗忘或被忽略的声音、人物和故事去调整这种不平衡。在这种情况中，后代人的口述历史就显得尤为重要。

例如，在关于废除奴隶制的历史中，英国的政治家和活动家往往以英雄般的正面角色出现，当地的农场主及某些对废除奴隶制持反对意见的议会成员则往往是反面人物。对英国政治家们的正面化塑造在英方编纂的史料中比比皆是，而黑人自身为自由所作的抗争往往被遗漏了，从这个意义上讲这段历史也因此而失衡了。

也就是说，我们在选择历史讲述者、选择原始资料、定位正面角色和反面角色时必须慎之又慎。我们也必须意识到，一些在历史上被歌颂成正面榜样的人物也许会随着历史的前进、社会的发展而失去英雄的光芒。不管怎样，以当事人的口吻叙述一段故事更容易引起观众的共鸣。个人历史或口述历史也是弥补文字史料缺失、调和历史偏见（不管是民族、阶级或性别的偏见）的方式。

## 三、场面调度

英语中 Mise-en-scène 一词来源于法语，原是戏剧用语，通常指在一部舞台剧中对舞台、演员、布景、灯光、声音等所有元素的设计安排，中文经常译为“场面调度”。后这个概念被广泛用于电影业中，泛指导演对画面的控制能力，也用来表示电影场景中的视觉元素组合，即渗透在场景中的视觉氛围，包括灯光、色彩、设计。在电影和电视制作中，场面调度通常是置景师与摄影技师的工作，也就是内场或者外景的“装扮”。我们不妨借用此概念到博物馆展览设计中。在博物馆中，最明显的“场面调度”莫过于场景再现。

场景再现的花费很高，此方式的应用也常受到争议。在某些例子中，他们作为“事实”展现。例如位于挪威卑尔根的汉莎博物馆（Hanseatic Museum），为了创造出汉莎同盟时代的氛围，不得不把各种不同的物件或装饰元素组合在一起，而所得到的效果仅仅是我们“认为”那个时候大概是这个样子。对于这样的展示，我们是否应该讨论一下它的问题所在呢？

在这种场景再现或再造的展示中，文字信息常常难以找到合适的位置或方式出现。氛围是用来被感受而不是被阅读的，文字介绍往往与现场的电影化效果格格不入。在“戴安娜”展中，有一个部分再造的场景：一副巨大的图画描绘着白金汉宫外的花海，画前的地板上洒满了玫瑰花瓣，整个场景再现了英国公众对王妃的逝世所流露出的巨大的悲伤。

场面调度也与色彩息息相关。“伦敦在燃烧”展览用红色来象征大

伦敦博物馆中再现“维多利亚时代的伦敦”

火、燃烧、热、危险，无疑是最佳选择。

但是，对于拥有各类观众群的展览来说，我们也需要注意色彩的文化敏感性。红色在中国象征着幸运、喜庆、振奋；在印度文化中，红色象征着纯洁；而在南非，红色则是悲痛、丧葬之色。

灯光和材质也是场面调度的主要元素。

“戴安娜”展览中，在展现其生前的快乐时光的部分，灯光比较明亮，且平直地打在那些漂亮的礼服上；而在展示她的慈善工作以及她的逝世的部分，灯光一下子黯淡下来，仅用聚光打在文字说明和物品上。“伦敦在燃烧”展览中，灯光总的说来都很平直，因为这个展

“伦敦在燃烧”展中红色主宰了展览的装饰、画面、文字面板和标牌

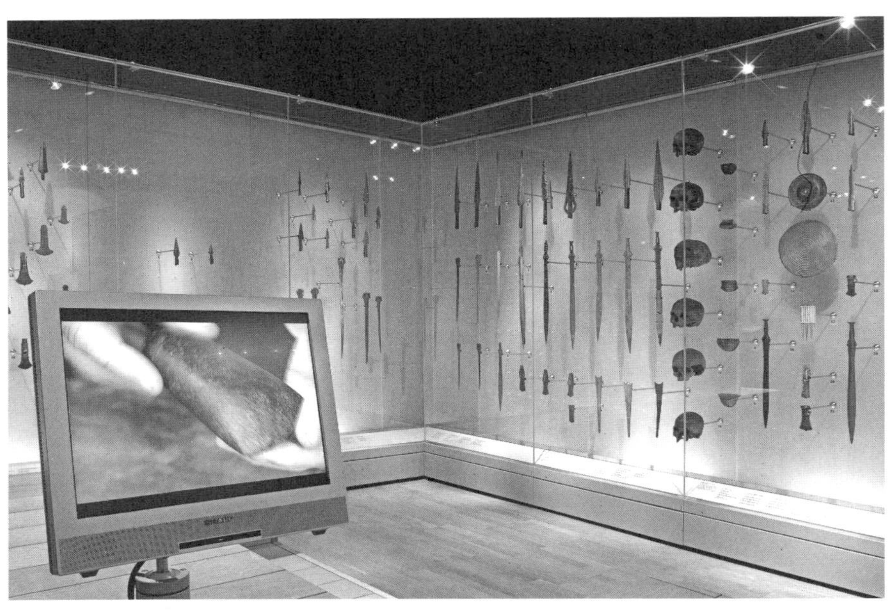

伦敦博物馆的“伦敦之前的伦敦”展中，蓝色被选为基本色

厅通往其他展厅，需要考虑到巨大的观众量。这个例子引出了一个问题——灯光与观众数量之间的平衡。在巴黎的坎·布朗利博物馆（Quai Branley Museum）中，灯光故意打得很昏暗，由此来突出展品，以提升和强调这些展品作为艺术品的地位和价值。可惜展厅的地板却不是很平整，以至于观众在参观途中不得不对脚下提心吊胆。一些展品和说明文字未有足够的灯光照亮，一定程度上贬低了某些展品的价值。

在电影中，场面调度也指摄像机拍摄角度的选择。巴西的葡萄牙语博物馆特别设计了可以让观众爬上去的装置，从而观众可以从高处往下看展览，当他们看到倒映在水面的文字时，他们对“语言”和

伦敦博物馆的薇薇安·韦斯特伍德（Vivienne Westwood）的展览中采用薄纱来创造出一种柔和、浪漫的氛围

伦敦博物馆的薇薇安・韦斯特伍德（Vivienne Westwood）展览中对景深及空间的开闭的应用以创造出特定的场景氛围

伦敦博物馆的薇薇安・韦斯特伍德（Vivienne Westwood）展览中采用多种不同质地的材料。有些展板突出了活动、跳跃的感觉；常见的冷冰冰的标准形式的展柜被以私人衣橱的形式所取代

“空间”也获得了不同的观点。澳大利亚博物馆引人入胜的《蝙蝠》展中，观众被要求使用手电筒在黑暗的空间中寻找蝙蝠。

这一部分我们需要注意的是什么呢？选择把一件展品从其他展品中分离出来，通过摆放位置、灯光照明等手段赋予它更高的地位有时也会带来不如人意的结果。比如，对不同展品采用不同的灯光会在展品中建立一种主次等级关系。巴黎的坎·布朗利博物馆展出的许多澳大利亚土著画作被很不适宜地用昏暗的灯光照着。这些作品本应用明光，且应放在离观众有一定距离的位置上，因为艺术家苦心创作出来的“闪烁”效果唯有透过一定的距离才能欣赏到。灯光的不足加上展览设计中对观赏角度把握的不正确使得许多澳大利亚的参观者感觉这些作品未受到应有的尊重和理解。

世界各博物馆对木乃伊的展示也进一步折射出展品的摆放位置的重要性。在开罗的埃及博物馆中，木乃伊被摆放在一间控温、控光的

特殊的观赏角度和互动性展览，如伦敦博物馆的这些抽屉引导观众进一步参与

展厅中。观众沿着一条环展厅的走道从上往下观看木乃伊。这条走道各段高低不同，使参观者能从不同的高度、透过不同的距离观赏。观众也被要求保持安静，以示对木乃伊的尊重，从中可见，声音也是布景的一个重要部分。

在其他地方的博物馆中，也能看到木乃伊被随意置放的例子。例如，在奥克兰博物馆，一件木乃伊被随意置放在楼梯井中。这一场景无疑会破坏该博物馆在观众心目中的形象。

## 四、观众合约、流派理论

流派，用外行话讲，很简单就是电影或节目的类型。比如，电影中的西部片、恐怖片、浪漫喜剧片等。流派从本质上讲是一部影片、一本书甚至一个展览的特点。展览上讲流派的重要之处在于它创造了一系列的期待，或者说给了观众一份关于他们对该展览可以有哪些期待的合约。

例如，“伦敦在燃烧”展因事件本身的曲折性具备了动作片或灾难片的基本元素。博物馆网站上对该展览的大幅宣传进一步强化了展览的情节和氛围，这些情节和氛围与展览的教育内容一起，都是观众在参观过程中可以接收到的。体会一下展览的广告语：

> 走进伦敦历史上最闻名的那场火灾，探寻其如何影响和塑造了我们今天的这个城市。

展览介绍也突出了该展览的戏剧性和故事角色，预告了观众可获得的参观体验：

> 倾听伦敦人经历这场大火的真实故事。家园和生活被大火摧

毁后的恐惧是什么样的体验？人们如何克服？为什么一场夺去不到十二人生命的大火会永久地改变这个城市的面貌？让我们随着互动性展示手段及各种与大火相关的展品——包括考古发掘成果和 17 世纪的灭火器具，穿越时光回到 1666 年的 9 月，通过亲历人的眼睛去探寻这场大火。

而“戴安娜：一场盛宴”展，则可谓是一个女人的悲歌或传奇。某种程度上它也可以称为一个哥特式故事：年轻的对丈夫充满信任的妻子慢慢意识到她的丈夫并非如她想象中那样；他有一个见不得人的秘密；她因自己的这种怀疑而逐渐发狂，但最终在其内心力量的挽救下——或者说，在一位好男人的帮助下，恢复了正常（类似的电影如《超完美娇妻》（*The Stepford Wives*），1975 年版）。

“戴安娜”展也可以说是一个童话故事——虽然是个悲剧童话。这是关于英国人民的王妃的童话，因此这个展览给予观众的是：展览将概括王妃的一生，她的工作以及她逝世后人们潮涌般的悲伤。尤其是这个故事已如此为人熟知，展览需要增加一些个人的物品，如儿时的日记、家庭录影片段、戴安娜小时候心爱的玩具等。虽然展览致力于表现王妃的“平常”“美德”，但展览的童话故事定位以及由此给观众带来的期待，要求展览也能展示王妃的珠宝、豪宅、美丽衣服及从她身上折射出的时尚潮流的流逝变迁等。事实上，该展览的确由王妃的冠状头饰开始，结束于她的各式华美礼服——展览的尾部通往博物馆的商店，在那里游客可以购买各种复制品。

观众对这类故事通常会有哭的期待，同时又有一种敬畏的情感。他们想要展览把他们带回到当年那两件轰动媒体的大事——王妃的婚礼和葬礼——所带来的情感放大，回忆起他们在那两个历史时刻的兴奋和悲伤。

这个展览也包含了互动的形式，观众可以在展览现场的一本册子上或展览的网站上留下自己的姓名并分享自己的生活曾与王妃有过交集的故事，如：他们何时碰到了王妃，当王妃的死讯传来的时候他们在哪里，王妃对于他们意味着什么。

换句话说，这种特定的展览类型所产生的与观众之间的“合约”，糅合了展览中的故事、展品、现场氛围、故事角色以及所引发的观众情绪上的反应。

这部分留给我们的思考是：这些关于流派及观众合约的概念如何移植到科学展览中？或者，应该移植吗？

你可以想象一下：关于气候变化、环境污染的展览也许可以套用灾难片的某些元素，比如，在展览中把环保方面做得比较好的国家和不够好的国家对应于灾难片中的英雄和罪犯的角色。不过，正如前文已述，我们必须警惕过度运用叙述手法可能引致的副作用，应该在叙事、故事与历史事实之间找到平衡点。

## 五、总结评论

叙事手法正越来越多地被用于讲述当代社会历史故事及历史事件等。他们可以用来加深我们对历史文物的理解、进一步实现博物馆的教育功能。换句话说，在通过文物的展示激发观众对人类文明的自豪感的同时，更能启发他们去探寻这些文物背后的历史和文化渊源：这些文物是在怎样的社会、文化和艺术的交接中形成的？谁是这些艺术品的作者和资助人？这些文物或艺术作品是如何为人所用的？

在展览的设计和策划中，一个最常见的顾虑是担心没有足够的关于这些展品及他们的作者、使用者、拥有者的知识和史料。这种担心大可不必，因为展览策划设计往往只是对已有知识和资料的重新编辑或演绎的问题。

展览中除了主线叙事，也可以加进延展性讲述。很多重新设计制作的展览经常采用延展性讲述的方式，为希望获得更多信息的观众提供资源，比如，在展览内容的某个知识点处放置信息册页、音频视频文件资料，或在展厅开辟独立的单元设置互动装置。博物馆官网也是提供延展性讲述的好地方。有些观众在观展前或观展后会访问博物馆官网，了解关于这个展览的更多信息。随着社交媒体的兴起和智能手

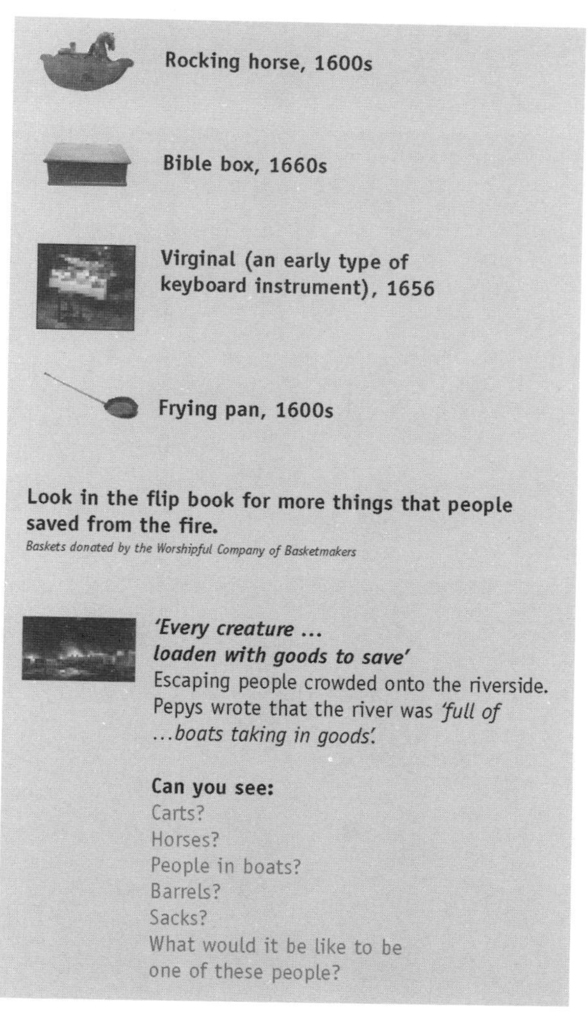


伦敦博物馆"伦敦在燃烧"展选出几件展品供孩子们在展览中探寻，为他们设计了一条特殊的参观路线

“伦敦在燃烧”展览中一个独立的学习空间，供孩子们研究展览主题、撰写报告、总结他们的参观体验等

伦敦博物馆的内网和对外网站上展示的更多的信息和故事

伦敦博物馆的“伦敦在燃烧”展：以书信形式展示的关于该历史事件的补充性信息

机的普及，许多博物馆也开发了各种手机应用，让观众在观展过程中通过手机了解更多延展性信息。

博物馆也会特别为儿童设计和添加一些特殊的元素，比如，采用贴纸、翻转板、小抽屉等互动方式让孩子们得以了解到更多的与展览主题相关的知识。本丛书今后将专门有一册详细介绍面向儿童设计的博物馆展览。在“戴安娜”展中，孩子们可以穿上他们喜爱的服装在展览的各处拍照。在“伦敦在燃烧”展中，配合展览博物馆制作了多种针对儿童的教育启发性节目，如在线互动游戏“伦敦的大火”（http://www.fireoflondon.org.uk/）。

博物馆一直有重“物”的传统，因此对于展览的好坏也常常以是否有文物重器来评判。“物”当然重要，是博物馆展览的根本，也是博物馆展览区别于其他文化展示形式（如书籍、论文、影视、表演等）的关键特征。然而，对“物”的倚重并不代表对“叙事”的排斥。“物”与“叙事”不仅不冲突，反而相辅相成。好的展览，既要有好的展品，也要有好的故事，以及好的叙述方式。如何通过叙事、讲故事来更好地吸引观众，更好地促进他们对展览主题的认识，从而更好地施展博物馆的教育功能，传播有形的“物”无法传播的信息，这是我们在展览设计时需要认真思考的。

# 第四章
# 他人的苦痛

戴维·斯彭斯（David Spence）

## 一、引　　言

在其生前最后一部作品《关于他人的痛苦》（2004 年）中，从戈雅的《战争之灾》（*The Disasters of War* by Goya），到阿布扎比监狱中美国大兵酷刑折磨伊拉克士兵，苏珊·桑塔格（Susan Sontag）检视了暴行的表征，她这样写道：

> 就让暴行的图像在我们身上附身。即使他们只是符号，无法涵盖他们所意指的大部分现实，他们依然起着重要的作用。这些图像说：这就是人类有能力做的——也许是热心地、伪善地主动去做的。请勿忘记。

那么，在呈现敏感性主题时——它们往往承载着创伤和痛苦，博物馆或美术馆应该如何做呢？世界各地的战争博物馆已经碰到了这个问题，但本章所分析的来自伦敦博物馆码头区分馆（Museum of London Docklands）的两个展览——一个是永久陈列“伦敦、糖与奴隶”，一个是临时展览“开膛手杰克与东伦敦”，则探讨了战争以外的两个不同的主题，这两个主题在伦敦的历史发展过程中有着举足轻重的意义。

对这两个主题的陈述都不得不涉及暴行的呈现。由谁来决定展览中展出什么、略过什么？如何来说明图片、文字如何措辞？伦敦博物馆码头区分馆（以下简称“码头馆”）通过这两个不同主题的展览与伦敦广泛的社区建立了联系——这些社区的成员对“苦痛”这个主题有着最直接的个人体验，并借鉴这些个人体验对展览主题进行阐释。与来自这些社区的代表分享展览制作过程的经验，不仅拓宽了博物馆自身的理解，同时也向公众展示了展览过程中的决策是如何作出的。两个案例中，来自相关社区的代表协助了展览的筹划，他们的意见在展览中得到了体现，展览也展出了他们的名字。

这两个案例研究展示了展览制作过程背后的理性思考和方法论，以及对博物馆和公众所带来的益处。

## 二、“伦敦、糖与奴隶”项目

> 想一想奴隶制——它是什么？这是一杯多么苦的酒，多少人被迫去饮它。
>
> ——伊格内修斯·桑乔（1776年）

伦敦参与大西洋奴隶贸易的历史渗透在资本的每一个角落。从牙买加路到英格兰银行，从黑荒地（伦敦南部地名）的商铺到国家美术馆的艺术收藏，这些非人道贸易所产生的利润铸就了伦敦这个大都市。用奴隶贸易所获利润建造的许多楼宇如今依然矗立在伦敦及利物浦、布里斯托等当年奴隶贸易的重地。在这些楼宇中，留存在伦敦的唯一一座当年专为奴隶贸易而建且是当时奴隶贸易生产链的一部分的楼，就是位于东伦敦中心地带西印度码头的糖仓库。

今天的一号仓库，面朝西印度码头，是伦敦博物馆码头区分馆所在地。这是一件独特的历史文物，不仅见证了英国历史发展中的那个篇章，也见证了非洲人民被流散的历史。

自 1802 年西印度码头开启至英国于 1807 年废除奴隶贸易，官方记录显示曾有超过 70 艘船只从这个码头出发驶向西非，在那里，他们购买了 25 000 多个非洲奴隶，这些奴隶被卖至美洲的各个种植园工作。在这个数字中，至少 10% 的奴隶在运往美洲的途中就丢掉了性命。这些船只返回码头时载回一箱箱的甘蔗，由位于麦尔安得路的作坊制成糖，供伦敦的餐馆和咖啡馆使用。

真实的统计数字并不为人知，我们所知道的这些数字只是伦敦参与奴隶贸易 200 年间贩卖黑奴数字的一部分。曾经，伦敦是英国的主要奴隶贸易码头，多达一百万黑奴的贩卖带来了丰厚的利润。伦敦是世界第四大奴隶贸易港口，仅次于里约热内卢、巴伊亚和利物浦；伦敦也是各式人群的联盟中心，黑人白人在这里共同为废除奴隶贸易而战。

这是一段未被讲述的历史，它对理解和珍惜伦敦的身份认同有着至关重要的意义。

要理解这段历史，就要理解当今社会的多个方面，比如，对于人种的态度，英国、非洲、加勒比文化的融合等。领会这段历史将帮助伦敦的非裔、加勒比裔人民重申他们的身份和过去。这段历史也将深化每个人对一些历史事实的理解，这些事实构成了伦敦的外在、文化和经济景观。

对于很多人来说，这都是一段痛苦的历史。许多非洲和加勒比裔的伦敦人其祖先就来自当时的奴隶贸易。有些人觉得在他们融入当今社会过程中这段历史伤疤不仅真实，也具破坏性。因此，要想让这个展览具有意义，就需要去面对这些问题。而大部分博物馆工作人员对此并无个人经验，这就意味着要与来自这些社区的成员们合作。本章描述了博物馆的工作人员向社区咨询的过程，也揭示了这一举措对整个项目的重要意义。

这个项目的目的是开设一个永久展厅用来讲述伦敦在奴隶贸易中的参与。展厅于 2007 年向公众开放。展厅中设置了可调换部分，用于展示未来三年社区项目的进展。另外，展厅中还设有教育资料以及网上资料中心。这些资料的内容都来自与当地社区团体的合作。

鉴于该展厅在承载流散在伦敦的非裔人民的历史记忆上的重要性，码头馆也与加勒比、非洲的合作伙伴们合作，以扩大展览对这个主题的阐释范围，避免过于欧洲中心的视角。

为了协助这个展览的概念设计和内容设计，博物馆聘请了一个顾问团。这个顾问团由专门从事黑人历史研究的专家以及当地社区的成员组成，也包含了之前曾参与博物馆社区项目的成员。

整个项目花费了 70 万英镑，由“英国文化遗产彩票基金”（Heritage Lottery Fund）和“博物馆、图书馆、档案馆委员会”（Museums Libraries and Archives Council）的“地区复兴”项目（Renaissance in the Regions programme）全额资助。项目包括：

- 一个约 350 平方米的永久展厅。
- 一份伦敦奴隶地图。这件互动性展厅装置展示了奴隶制度曾在伦敦留下的切切实实的印迹。这份地图是一个研究项目的成果，该研究项目旨在识别伦敦与奴隶贸易商户的遗址，以及与为了废除奴隶贸易而英勇奋战的人士相关的遗址。我们与伦敦当地的各个小博物馆合作，这些小博物馆提供了与当地相关的内容，使得这份地图全面包括了伦敦的北部、南部、西部、东部地区。每一个与我们合作的博物馆都在各自馆中展示了这份地图。
- 一系列社区项目。这些项目为展厅的可调换部分提供展示内容。比如，有一个项目对涉及这段历史的词汇及其含义提出了质疑，这些词汇包括“非洲的”（African）、“加勒比的”（Caribbean）、“西印度的”（West Indian）、“黑”（Black）、“英国的”（British）。另一个项目则考察了与废奴运动相关的图像研究。

“伦敦、糖与奴隶”展览的创作顾问团队

- 学习资料。用以协助学生团队和家庭团体的参观，使一些限于篇幅无法在展厅详细展示的主题得以为观众了解。
- 戏剧《扭转局势》(*Turning the Tables*)。该剧由著名非裔剧作家约翰·马特什基萨（John Matshikiza）执笔，对博物馆收藏的当年签署废奴协议的桌子进行了重新演绎。该剧在位于巴巴多斯布里奇顿的巴巴多斯博物馆（Barbados Museum）、开普敦的南非博物馆（Iziko Museum of South Africa）以及伦敦的码头馆巡回上演，再次串起世界三大曾深受奴隶贸易影响的地区。

## 1. 项目目的

这个项目的主要目的是：（一）参与奴隶制和奴隶贸易这个语境中，对码头馆的馆舍和地点进行重新阐释；（二）创造一个社区参与的平台；（三）拓宽博物馆教育活动的受众，使之在现有的观众之外，还能涵盖之前忽略的社区。我们也想启发所有人思考：殖民主义的过去如何影响了今日的世界？殖民历史如何造就了伦敦的外在、文化和经济？这段历史如何影响了今天？展览意欲传递的关键信息包括：（一）展厅中讲述的是英国社会的形成，因此，这是“我们的”故事，影响的是“我们”，而无关乎人种；（二）来自加勒比种植园的利润和非裔奴隶的辛勤劳动促进了伦敦的财富累积和英国的工业革命；（三）为废除奴隶制度和奴隶贸易而进行的抗争引发了英国第一次大规模的来自各社会阶层、各族裔人群联合的大动员。

## 2. 为什么该项目对码头馆如此重要？

20 世纪 90 年代，码头馆的主要任务是寻找并记录伦敦码头区的历史，因为这个区域经历了巨大的变化，“金丝雀码头”商区等新设施的建立已无法让它再改回到从前的模样。之前的研究对西印度码头、对伦敦在奴隶贸易中扮演了什么样的角色着笔很少。一直以来的观点都想当然地认为利物浦和布里斯托是这项贸易的主角，但事实上，这是因为有关伦敦与奴隶贸易的关联的研究做得很少。

近些年来，伦敦各区当地人的历史，包括伦敦各个少数族裔社区的历史，已成为关注焦点，这也呼应了因 2007 年纪念英国废除奴隶贸易两百周年所掀起的全国范围内的对大西洋奴隶贸易的兴趣。一旦意识到伦敦实际上是 18 世纪前半期英国最大的奴隶贸易港口、与西印度码头的历史密切相关，对这段历史进行重新诠释的需求油然而生。这项需求不仅来自我们博物馆，也来自我们所合作的本地社区的相关团体，例如，“塔村非裔加勒比裔精神健康组织”（Tower Hamlets African Caribbean Mental Health Organisation, THACMHO），这个机构服务于有精神健康问题的非裔和加勒比裔个人。

## 3. 码头馆与英国

“伦敦、糖与奴隶”是伦敦唯一的一个致力于奴隶历史的永久陈列，与其他城市讲述这段历史的博物馆和展览——如利物浦的国际奴隶博物馆（International Museum of Slavery）互为补充。

这个展览通过一件特别的“文物”——码头馆的馆舍，和一个特别的地点——码头，以及其他相关的文物和史料讲述伦敦故事。这个项目将加深公众对伦敦在奴隶贸易中所扮演角色的理解，也意味着博物馆成为欲进一步探索奴隶贸易历史的人们的一个好去处，在这里，他们将了解到在别的地方无法了解到的一段关于奴隶贸易的非常特别的历史。

码头馆有着其他博物馆不具备的特色——她为非洲、加勒比后裔提供了一个实实在在的关于他们历史的站点，就如西非的“奴隶堡”（译者注：贩卖奴隶的据点）、加勒比岛国的种植园那样。简言之，它让历史变得真实而可触。

## 4. 项目通过咨询社区而进展

基于已经建立的与社区的关系，以及与伦敦的做非裔研究的重要历史学者的联络，项目于 2006 年 3 月开始向伦敦本地从事这段历史研究的专家和社区从事精神健康和人种平等工作的代表进行专业咨询。

所有向顾问团队咨询的会议都由码头馆馆长亲自召集和主持，博物馆项目团队的成员也全部出席。这种咨询会议在 2006 年 3 月至 2007 年 10 月间定期召开，以工作坊的基本形式进行，目的是对这个展览所需要涉及的学术、政治、社会方面的内容以及如何获得这些内容进行开放、有活力、深入、坦率的讨论。工作坊从展览的初期预想阶段一直持续到展厅对外开放前。馆长自始至终明确表示，所有有争论的、敏感的议题都应该提出来讨论，从而确保项目进程中参与各方都有完全的相互了解。码头馆“码头和社区历史”研究员汤姆·韦勒姆（Tom Wareham）对这个颇为艰难的过程有如下评论：“研究员职业生涯的致命困扰在于不管你多么努力地尝试，一些参观者总能找到一个批评的理由。这个展厅并不很大，不足以涵盖主题，总会有些遗漏。对展品和图片的挑选，事实上所有相关的挑选，都可能会受到质疑。但是，如果你与你的顾问团队进行了密切、诚实的合作，你就会发现所有的决定并不是由你一人作出的，相关事项已经在一个更广泛论坛里进行了尝试和验证。相信我，那时候你就知道，这种与顾问团队的合作是多么有价值。如果你正确理解了这点，你就打开了一条通向精湛业务的道路。首先，因为你已经做过一次，你有了经验，希望第二次会做得更好；其次，因为你已经证明了你可以完全开放地与社区合作。”

码头馆负责多样性的同事、负责社区接触的同事、社区与观众发展部主任以及码头馆的馆长都曾积极地与伦敦甚至整个英国的黑人和少数族裔圈子接触并合作。项目团队在整个项目过程中担当了明确的领导角色，他们邀请社区团体（包括宗教团体、社会活动家、非政府组织、艺术家、高校、中小学和老师们，等等）来博物馆举办活动、开展对话和各种非正式的讨论，鼓励公众和机构主动提出与项目相关的点子和建议。在这个战略性的社区审议和联络过程中，各种值得信任的关系由此建立，码头馆由此赢得了深受这段历史影响的社区的信任。我们认识到在项目的整个行进过程中——包括学术研究、展览陈述、多角度诠释、传播信息点确定等各方面——容纳来自社区的声音的重要性。

我们的顾问团队认为展览需要突出以下几点：首先，要强调这是一个全新的展览；第二，要说明这是在揭露一个有关伦敦与奴隶贸易相关联的事实，要表明其对于种族和经济的深远意义；第三，要说明这是一段所有伦敦人和英国人共享的历史。我们请顾问团队为这个展览想一句广告语用于媒体宣传。后来我们采用了这句："这是你的历史。"

顾问团队通过与我们项目成员的对话和探讨，最终得出了对展馆如何设计、展览内容如何陈述的关键结论。他们认为展览要传播的信息点应包括：在奴隶贸易前，非洲已经建立了多样化的社会文明；伦敦的历史、财富以及与种族和歧视相关的传统问题与这段历史有着直接的关联；奴隶贸易很大程度上导致了黑人在英国的出现，而且对伦敦今天的文化、环境、经济各方面都有着深厚的影响；奴隶贸易与欧洲的入侵损坏了非洲已有的复杂、成熟的社会体系；这段对非洲文化的伤害对如今生活在伦敦的非裔、加勒比裔社区人民的精神健康有着直接的影响。

与顾问团队的讨论也使得我们面临着对这段历史的诠释太过求全的倾向。限于展览空间，面面俱到的阐释自然不可能；而且，太多的直接摆事实也会削弱展览的陈述和对话力度——这种对话正是我们试图通过展览所引发的且将面向未来几代人的对话。经过 2006 年一年的讨论、辩论，并鉴于顾问团队的想法，我们意识到有必要在展馆开放后继续保持社区参与，并注重员工的专业培训。比如，请博物馆负责多样性的工作人员和研究策展人员对展馆的讲解员就展览需要传播的关键信息进行培训，使他们能更好地与观众互动。我们很明确展馆的设计应该具备后期可调性，可以动态地反映出这是一场正在进行中的灵活的对话。我们意识到光靠展馆本身无法讲述整个故事，无法揭示所有的事实和真相，但它可以讲述关键的故事，同时留有一个可提问、可随时增加更多真相和声音的空间。

2007 年 6 月，我们组织了重点小组（包括成人小组、父母或监护人小组、14—18岁的青年小组）进行形成性评估。评估的问题包括：展览主题是否是你关心的话题？你希望跟谁一起参观这个展览？你希望以何种方式获得展览的信息？你对专门针对儿童的展览信息（比如展板文字）怎么看？你对展示这些与奴役相关的展品怎么看？你对展示复制品怎么看？你对展览中使用的图片和术语的感觉是什么？

我们了解到即使被归为同一个少数民族，其内部依然有各种不一样的观点，所以与顾问团队进行咨询时必须注意到这点。比如，当你挑选展品进行诠释，千万别理所当然地认为人们会怎么想或怎么说，直到真正听到他们这么想、这么说。通过与公众的广泛接触，我们了解到了对展品的各种态度和观点，以及如何挑选或排除展品、如何诠释他们、如何利用他们（例如，博物馆是否应该展出奴役的工具）。在这个过程中，博物馆已有的对展品的设想、理解以及感受都受到了挑

“伦敦、糖与奴隶”展厅的声光秀

战。我们认识到我们必须承认和尊重知识的不同形式，比如，来自文化和社会生活的经验式知识，这些经验知识有着巨大的价值，是一份没有被记录、常常被忽视的遗产资源。

虽然顾问团队也同意有必要展出奴役工具，但关于这点的争论还是很激烈的。看着非裔奴隶被捆绑着和被虐待的照片，让人感到这些资料的展示定格化了非裔没有自觉的受害者形象，这并不是我们想要的目的。但是如果不展示这些材料，又担心观众无法真正感受到奴隶贸易的恐怖、无法体会“非洲大屠杀”的本质。在评估过程中家长们也表达了担忧，他们担心自己的孩子会因接触这些把非裔描述成被动的受害者的材料而形成对非裔的负面的、模式化的成见，这种现象有时被描述为“暴力色情”（pornography of violence）。

顾问团队认为展览应该展出这类材料，因为他们记录了非裔遭受苦难的真相和奴隶贸易的非人道性本质。同时，他们认为积极的信息如对奴隶制度的积极抵抗也应该包括在展览中，比如，可以展出山姆·沙伯（Sam Sharper）等自由战士为推翻奴隶制而战的图片和描述。展览要表现的不仅仅是这份苦难有多么残忍，同时也要表现非洲人民在推翻奴隶制度中的自觉。

由此，展厅也尽力表现种植园奴隶的真相。脚镣手铐、铁项圈、皮鞭的展示让我们深深震撼于奴隶所遭受的野蛮和暴行。旁边是“米尔斯档案”收藏的尼维斯岛上金石种植园的日志，其中记录了对奴隶的惩罚，也展出了证明托马斯·米尔斯（Thomas Mills）和约翰·米尔斯（John Mills）参与奴隶贸易的信件。

信中曾提及一件发生在1776年11月3日（周日）的惨案，当时一位名叫哈里（Harry）的非洲人在范德普路的种植园被发现，他看起来遭受了严重的砍刑。信里这么描述道：工头狠砍他的肩膀和手臂，以至于骨头裸露，然后打烂他的手，并用鞭子抽打伤口。

与这些残忍的图景像相对照的，是对广泛的、持续的反奴隶斗争

观众在“伦敦、糖与奴隶”展厅中读着运送奴隶的船次信息

的展示，目的是向观众揭示非洲人民在废奴运动开始之前就曾为自己的自由而抗争。展览展出了这些抵抗运动的领袖，也突出了海地革命的影响。观众们还能在展览现场听到相关的音乐，了解这些关于抵抗运动的记忆如何通过音乐得以保存。

我们对社区关系网的构建使得热切参与博物馆活动的观众日益增多。许多社区项目被融进展览内容展出，例如，当地人利用对奴隶历史的个人体验或感受设计制作了糖碗，这些碗被放进博物馆的展柜，与18世纪时的糖碗一起展出。

这个展厅于2007年11月开放，开放后的四周内便接待了超过一万名观众，相比于平时的参观量是个大大的飞跃。我们与社区的合作、互联并由此建立起的关系对我们博物馆的工作方式、对展示内容和展示方式的选择、对观众的构成都产生了极大的影响。

## 三、“开膛手杰克与东伦敦”展

开膛手杰克的故事已成为伦敦城市身份的一部分，也影响了大家对伦敦尤其是东伦敦的印象。每个晚上，一队队伦敦本地人和外地游客在导游的带领下参观开膛手杰克谋杀案的现场，1888 年那一系列谋杀事件在这里被演绎和讲述。从大量关于这个事件的书籍、影视作品和新闻报道的涌现可见大众对探究凶手身份永不疲倦的热情。

“开膛手杰克与东伦敦”展览的目的并不是要探究谋杀案凶手的真相，而是把这个事件置于当时所发生的社会背景之中，展示 19 世纪 80 年代的东伦敦尤其是凶案发生街区的社会情况，从而探寻开膛手杰克这个故事给东伦敦、伦敦甚至世界的文化和创意景观所带来的影响

约19世纪80年代东伦敦的孩子

和意义。

“开膛手杰克与东伦敦”采用了与该案子相关的大量档案资料，包括当时的警察局记录、寄给警察局和中央通讯社的信件等，也包括来自当时东伦敦的物件、照片、绘画和档案资料。展览目的在于启发大家对案件各方（受害者、见证人、警察和疑犯）的生活，对他们所生活的环境（东伦敦）、对案件在当时所引发的大量的问题和担忧进行更广泛的思考和理解。展览的各部分内容如下。

## 噩梦——人还是兽?

展览由一个极具冲击力的视频短片开始，短片汇集了影射这些谋杀案的主流影片中的相关镜头，如：乔治·威廉·帕布斯特（G W Pabst）的《潘多拉的魔盒》（*Pandora's Box*, *1929*），弗里茨·朗（Fritz Lang）的德国表现主义杰作《凶手就是M》（*M*, 1931）。围绕谋杀案的大量

“开膛手杰克与东伦敦”展厅入口处的影片播放

报道造成了大家对兽性恶人的恐慌，也把伦敦描绘成令人恐惧的迷宫。1888 年出品的剧作《杰基尔博士和海德先生》（*Dr Jekyll and Mr Hyde*）以及柯南·道尔的夏洛克·福尔摩斯都受到了此案的启发。

## 东伦敦

展览的这一部分主要展示 19 世纪的东伦敦，分为“白教堂和斯皮塔福德”“生计”“住房”“健康”“饮酒”“宗教和社会改革家”“妓女”“犹太东伦敦”“治安”几个小专题。展览突出了犹太人对东伦敦经济和文化活动的影响，也强调了东伦敦作为伦敦其他地区的供应商和服务商的地位。艰难的生存条件、妓女与酗酒之间的关联、社会和宗教改革家所做的工作都在这部分得到了展示。东伦敦的大街小巷拥挤地居住着约一百万居民。这块区域被视作一个隔离的存在，象征着贫穷、污秽、犯罪和堕落。正是在这里，开膛手杰克进行了其犯罪行径。

外部的世界离不开位于东伦敦那尔格林（Bethnal Green）、麦尔安得（Mile End）、斯特普尼（Stepney）、斯皮塔福德（Spitalfields）、白教堂（Whitechapel）各区的工坊和市场。附近的码头服务着伦敦其他地区。东伦敦的人口因贫困人群进进出出寻找工作而持续地流动着。

离开伦敦城的繁华仅几个街口之外，白教堂和斯皮塔福德地区的数千居民们努力勉强维持着生计。“深渊”“迷宫”这些词汇常用来描述这里街巷的昏暗和拥挤。正是这里的街头小巷成了开膛手杰克犯罪的狩猎场所。

东伦敦无穷无尽地提供着廉价劳力。无须专业技术的松散小工吸引着移民们纷纷涌入这个地区。没有工作的人们要么自谋生计，要么不情愿地为别人打工。此案的证人曾详细描述东伦敦人苦于谋求生计的百态。

此案中被谋杀的女性就是东伦敦常年宿于公共旅店的几千人的代表。四便士一晚的旅店费用包括多人共用的宿舍中一张肮脏的床铺，以及公用厨房的使用权。

这几位被谋杀的受害者都沉迷于酒精。在一个贫穷、没有希望的世界，酒精提供了安慰和对现实的逃避。白教堂和斯皮塔福德布满了酒吧，白教堂路一段一英里长的街区就有超过 45 家小酒馆。

“救世军”“白教堂教团”等宗教组织团体努力地帮助着东伦敦的穷人们。除了给居民带来“上帝的话”，他们也把“实用基督教”带到了贫民窟。他们建造夜间收容所、医务所、施食处，并到贫民窟居民家中慰问。

东伦敦妓女很普遍。贫穷女子很少能找到其他的谋生手段，若不是做妓女，则丈夫一旦去世或丢工作就意味着挨饿。所有倒在开膛手杰克刀下的都是妓女。她们被称为“不幸的人”，她们的所有财产就是

位于伦敦白教堂汉伯里街的“救世军”收容所，保罗·伦瓦尔根据现实图景描绘，刊登于1892年的《画报》

身上穿的或者口袋里装的。她们出卖自己的身体换得吃喝以及晚上得以留宿的一张床。

## 媒体

这部分讲述了报纸在谋杀案调查中对公众舆论的影响。技术的发展和教育水平的提高使得新闻比以往更迅速地被采集，也被更多的人阅读。关于谋杀案的消息在伦敦和美国几乎同时爆出。各家报纸互相竞争，对谋杀案作出最为动情的描述，对各种最新的推测

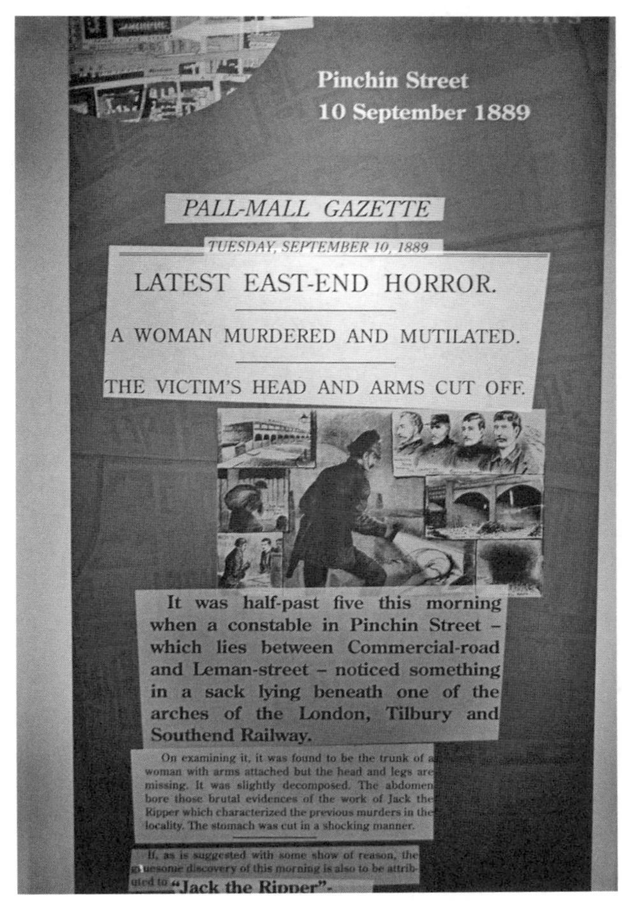


"开膛手杰克与东伦敦"展板

进行及时的报道。他们通过“人情味”视角和地理细节来刺激销量。“开膛手杰克”的称号来自公开发表的一封寄给中央通讯社的匿名信。

## 调查

英国有史以来最大规模的罪案调查被放大呈现在公众面前。媒体和公众批评警方无力抓获开膛手杰克。记者们采访见证人，自行推断出嫌疑犯并公开发表自己的猜测，阻碍了警方的调查。展览也展示了警方在调查中所面临的困难，比如：白教堂和斯皮塔福德地区迷宫一样的街道、数百封恶作剧的来信、伦敦各区警力差异给协调调查带来的困难，以及当年还不是很发达的法医学。

《警方新闻画报》上关于白教堂谋杀案的漫画

《警方新闻画报》每周公告中描绘了罪案现场、被害人、犯罪人的漫画

## 当年的嫌疑人

这部分聚焦于谋杀案当年的嫌疑人，包括媒体和公众所提出的怀疑对象、警方关于疑犯的推测。外国人、犹太人以及任何工作时可接触尖锐道具的人如外科医生、兽医、屠马者、美容师、理发师、皮匠等都在嫌疑人范围中。展出的物件包括警方发现每一例被害者时的原始报告，报告披露了被害人身体被残害的详情。

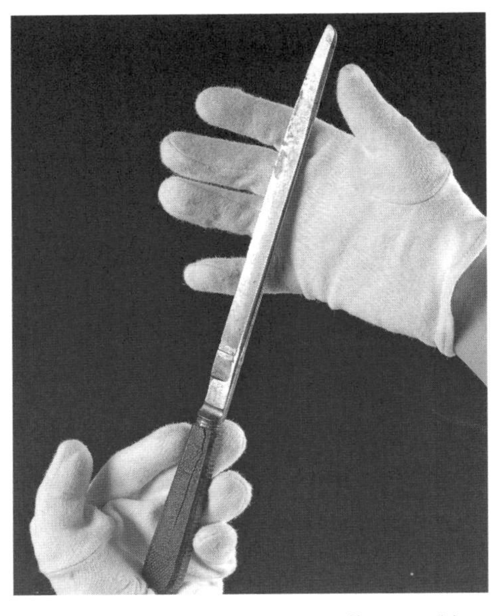

19世纪“开膛手杰克”之刀。截肢刀，被认为与臭名昭著的东伦敦谋杀案中所用的刀相似

## 侦探与嫌疑人

没有证据能表明开膛手杰克的身份，凶手从未被抓住。嫌疑人名单中有完全清白的市民、被判有罪的杀人犯，也有一位因嗜杀而被羁押的名叫迈克尔·奥斯特龙（Michael Ostrog）的俄裔医生、一位被送往精神病院的波兰裔犹太人，还有一位叫蒙塔古·约翰·德鲁伊特（Montague John Druitt）的被描述为“性变态”的律师，他后来在泰晤士河投河自尽。因创建儿童福利院而闻名的托马斯·巴那多（Thomas Barnardo）博士也因其曾是医学院学生的背景赫然出现在嫌疑人名单上。

## 东伦敦的变迁

剧作家萧伯纳（George Bernard Shaw）曾有过这样的评论：在把公众的目光吸引到东伦敦糟糕的生活条件方面，开膛手杰克比任何一位改革家都卓有成效。展览在这部分的重点是贫民窟的清除、示范性

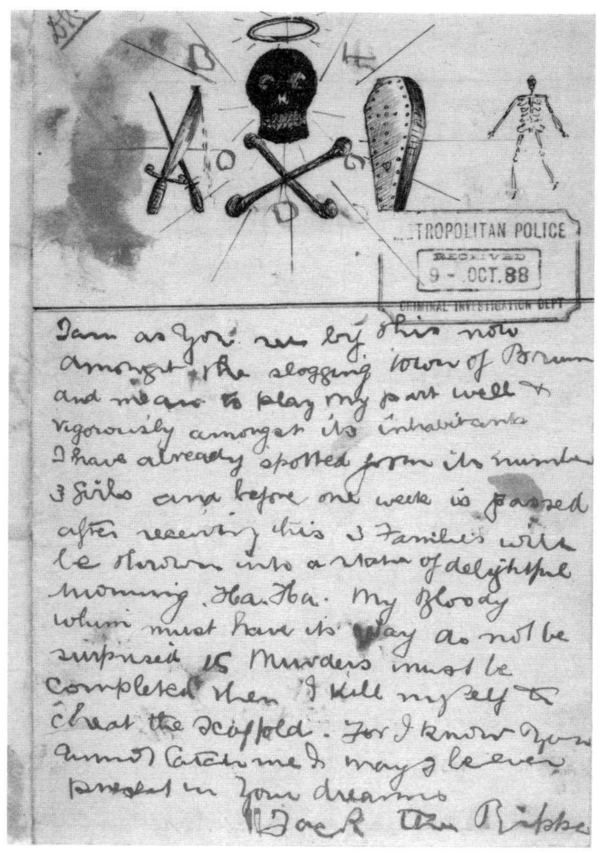
METROPOLITAN POLICE
RECEIVED
9 - OCT.88
CRIMINAL INVESTIGATION DEPT

I am as you see by this now
amongst the slogging town of Brum
and mean to play my part well &
vigorously amongst its inhabitants
I have already spotted from its number
3 Girls and before one week is passed
after receiving this 3 Families will
be thrown into a state of delightful
mourning Ha Ha. My bloody
whim must have its way do not be
surprised 15 Murders must be
completed then I kill myself to
cheat the scaffold. For I know you
cannot catch me & may be ever
present in your dreams
Jack the Ripper

冒称来自凶手的信

住宅和廉租公寓的建造以及发生谋杀案街区名字的改变。展览想探讨的是：自谋杀案发生后这个区域的生活到底有多少被真正改变了，因为即使到 1901 年，多赛特街依然被描述为“伦敦最差的街”。

另外，展览也打破时间顺序式和主题式的陈述结构，在最显著的位置播放对当今的评论家的系列采访视频。这项举措不仅为观众提供了来自今日社会的各位专家（比如报纸编辑、犯罪心理学家、警员等）对这段历史更为深刻的见解，也由此提出了展览意欲探讨的基本主题——对女性的暴力。

## 被害的女性

保存下来的被害女性的验尸照片在这部分展出。其中一张照片揭露了其中的一次谋杀现场，死者名叫玛丽·简·凯利（Mary Jane Kelly）。这可是史上警方最早采用摄影技术记录犯罪现场的照片之一，而如今拍摄现场照片已是任何罪案调查的必不可少的部分。这张照片非常惊悚，记录了被害者所受到的残忍的肢解。

“开膛手杰克与东伦敦”是关于1888年发生在伦敦的一个区的连环谋杀案的展览，案发地点就在博物馆附近。这个事件在世界范围内享有相当的知名度，可见它远不止是一段当地历史。毫无疑问，这是一个有关对女性施行极端暴力的主题，在对这个主题的材料展示中博物馆应站在何种立场？对于是否要展出罪案现场的照片博物馆该如何作出决策？

在博物馆邀请来参与展览策划的团队中，有一个叫“安全出口”的机构。这是一个位于东伦敦的合作性机构，旨在为伦敦塔村区（即博物馆所在区）从事性工作的女性提供帮助。作为这方面问题的权威，“安全出口”让大家认识到今天从事这些工作的人生活的困境，并寻求能减小对妇女和当地社区的有害影响的解决方式和政策。展览中展出了一段对“安全出口”的一位工作人员的采访视频，使这些工作人员的观点能够为大家听见。

“安全出口”的一位工作人员艾伦·阿姆斯特朗（Ellen Armstrong）指出，1888年（即白教堂系列惨案发生的那年）从事街头性工作的女性的生活与今日从事这些事情的女性的生活有相似之处。她认为，今日的这些女性是出于同样的原因而走上这条道路，而且很悲剧地，她们依然容易成为暴力、强奸、谋杀的牺牲品。

在1888年，贫穷的女性很容易染上酒瘾，并为了赚取每晚四便士的住宿费出卖身体。今天，95%从事性工作的女性有毒瘾，她们一般赚取 100 英镑一天，常常用工作得来的钱资助她们也有毒瘾的男朋友或伴侣。

“安全出口”的工作人员在被问到博物馆是否该展出开膛手杰克案被害女性的尸体照片时，他们的回答是肯定的。他们认为这些照片证明了针对女性的暴力的真相本质。这也呼应了桑塔格所说的，“这就是人类有能力做的。请勿忘记”。

码头馆的工作人员在展览中划出一块较为隐秘的部分展出这些照片，旁边设有指示牌，提醒观众这部分内容比较敏感。整个展览也不建议 12 岁以下的孩子参观。

肯定有人会认为“开膛手杰克与东伦敦”这样的展览只不过定格了一种人们对暴力的不道德的迷恋，因为毕竟这个现象存在于各种流行文化中。同样地，也肯定有些人会说，展示跨大西洋奴隶贸易的丑陋只不过定格了欧洲“主人”与非洲“受害者”之间的关系。引人不安的图片在展示这两个主题中是否如桑塔格所认为的那样作用巨大？希望这两个案例可以引发思考，从而继续激起辩论，也希望伦敦博物馆码头区分馆，就如世界许多其他博物馆一样，继续成为讨论这类话题的安全场所。

# 第五章

# 博物馆与社区参与

凯瑟琳·古德诺（Katherine Goodnow） 吴　蘅

在上一章，戴维·斯彭斯介绍了伦敦博物馆码头区分馆的两个展览项目。在这两个展览的策划、设计、制作过程中，当地社区担当了不可或缺的角色，也承担了相当分量的工作。本章我们将继续社区参与的话题，探讨博物馆与社区的交流与互动，介绍几种社区参与的方式。

在开始本章的探讨之前，首先对“社区”的概念作一个说明。本章的标题是“社区参与”，译自英文“community participation”。Community，英文语境下有“社区、社会、团体、群落”等多项含义。其本质是指一群享有共同特征的成员形成的共同体。这种共同特征，可以指在地性，即生活在同一地方或区域——在这层意义上，符合中文语境中“社区”的含义，因为中文的“区”字隐含了“地区、地域”的概念。日常生活中，提起“社区”，人们自然而然联想到的也是生活在同一地点或区域的人。而实际上，从上文罗列的英文含义可知，“社区”仅是“community”的含义之一。Community 成员享有的共同特征也可以是共同的爱好、共同的态度、共同的利益等，不一定受在地局限。同理，谈到博物馆的 community，本质上是指与这个博物馆有关联的人的集合，相当于博物馆观众，既包括博物馆所在地的观众，也包括不在当地的观众，连接他们的共同纽带就是博物馆。因此，如果简单地以“社区”来对应“community”，就会造成语义的丢失。但如果一碰到 community 的概念就罗列一长串的中文词汇也不现实。因此在本章中，我们根据上下文，使用了另一个词汇“社群”来对应 community。“社群”因为没有了“区”的概念，可涵盖因非在地共同特征而形成的群体。那么为什么不索性使用博物馆“观众”来指博物馆的 community 呢？其实把本章的标题改为“观众互联与参与”也是可以的，而且在下文的讨论中，我们也根据中文的用语习惯，在有些地方用“观众”来表达。但需要指出的是，“观众”是传播学上的概念，对应英文的 audience，强调的是信息的传播和接收，没有 community 词根“com-”所包含的“共同、共有”之意[①]。类似的词汇还有“公众”，同样，“公众”强调的是“公共性”，是政治学的概念，对应英文 public，没有 community 中的“共同、共有”之意。因此，下文设及 community 的时候，我们会根据具体语境的不同，分别使用“社区”或“社群”来表示。在 community 既包括“社区”又包括“社群”含义的时候，为简便起见，用“社区”来涵盖（如本章标题所示），除非句意有需要再额外列出“社群”。

博物馆的社区参与有多种形式，按照参与程度的不同，可大致分为四种，分别是：接近、反映、提供和结构性参与。下文将对这四种参与方式一一讨论，并用实例说明。这些实例中的社区很多是少数族裔社区或社群，但讨论所涉及的关于社区参与的想法与实践，经适当修改后，也适用于按其他特征（如年龄、性别、职业）划分的社区或社群，如女性团体、老年人团体、商会等。

## 一、接　近

“接近”是最基本层级的社区参与方式。在这一层级，观众只是接

---

① 更多关于博物馆“观众”“社区”“参观者”等概念的讨论，可参见Heng Wu, “The Remote Local: Travelling Exhibitions and New Practices in China”, In Viv Golding and Jenny Walklate (eds.), *Museums and Communities: Diversity and Dialogue in an Age of Migration* (Newcastle: Cambridge Scholars Press, 2018)。

触到博物馆，但并没有与博物馆发生进一步的关联。

自 1683 年牛津阿什莫林博物馆向公众开放，以及随之而来的 18 世纪大英博物馆、卢浮宫、乌菲齐等私人收藏纷纷向公众开放，博物馆迈开了公众接近的第一步。可以说，公众接近性（或可及性）是近代公共博物馆的基本特征，也是博物馆公共性的最直接表征。如何扩大接近性、如何鼓励博物馆社区的接近性参与，一直是博物馆领域探讨的话题。

取消门票收费，或实行有条件的免费措施（如对特定人群或特定时段免费），无疑是邀请公众接近博物馆的直接、有效之举，至少让那些之前被门票价格过高挡在博物馆门外的观众有了接近博物馆的机会。在英国，自 2001 年开始，包括大英博物馆、国家美术馆在内的大型国立博物馆免费向所有公众开放。根据英国数字文化传媒体育部（Department for Digital, Culture, Media & Sport）在 2011 年的统计，这些免费开放的博物馆年参观人次上升了 51%[①]。但这一举措需要足够的财政支持，英国实行免费开放的博物馆享受国家财政补贴以及增值税减免。

互联网、社交媒体的运用为观众接近博物馆提供了新的渠道。上述英国数字文化传媒体育部 2011 年的研究报告也显示，博物馆网上参观量比之十年前增加了 500%[②]。以前因为物理距离无法接近博物馆的观众，如今可以在网上近距离接近。虚拟技术甚至可以实现沉浸式接近。社交媒体则让接近进一步成为互动。

除此之外，博物馆也可通过设计来加强与观众的接近，如：在馆内设足够的坡道、电梯，方便轮椅参观者；提供楼层图和展板的盲文版、音效，方便视障、耳障人士。

---

① UK Department for Digital, Culture, Media and Sports, "Annual performance indicators 2010-11", retrieved at https://www.gov.uk/government/publications/annual-performance-indicators-2010-11.

② Ibid.

博物馆也常常通过对外推广活动去接近更广泛的观众，消除博物馆曾经给人的刻板印象——博物馆曾经被视作仅服务于精英阶层的“阳春白雪”般的宫殿，或是仅为专业人士服务的研究中心。采用何种形式开展推广活动取决于博物馆所服务社区的兴趣点和博物馆（或其赞助人）所设立的教育目标。在南非，博物馆开展教育活动时通常会提供交通工具把各个村镇的年轻人接到博物馆来，因为交通是阻碍社区参与博物馆活动的主要原因之一。从世界范围来讲，学生一直是博物馆教育的重点目标群体。博物馆为他们量身定做教育活动来满足本地或全国的教学大纲要求。博物馆也会为教师提供特别定制的教学材料，分别用于参观前、参观中和参观后。这方面的例子不胜枚举，很多博物馆都会在其官网上给出分门别类的教学资料。例如，澳大利亚维多利亚博物馆（Museum Victoria）就在其网站上[①]给出了针对学校各年级的学生以及针对成人的学习材料，甚至还有特别为自闭症孩子提供的学习资料，帮助他们更好地使用博物馆。

我们必须认识到各个社区（社群）的需求是不同的。对于某些社区（社群）来说，他们所需要的仅仅是有机会参加博物馆的活动。这里有一个来自英国曼彻斯特博物馆的例子。

曼彻斯特有一个由索马里、苏丹裔移民女士组成的团体，他们因一个政府主创的健康与社会项目定期在曼彻斯特博物馆聚会。之所以选择在博物馆聚会是因为他们以及他们所属的社区认为博物馆是女士聚会的“安全场所”[②]，因此这项举措也受到了这些女士所属社区的欢迎。这些女士本身也感到自己的兴趣和爱好得到了满足，她们觉得在博物馆里获得了并不能经常在其他社会场合受到的待遇。通过这些博物馆里的聚会，这些女士关注到曼彻斯特博物馆展出的来自她们祖国

① https://museumvictoria.com.au/Education/.

② Mohammed, Zeinhab, Unpublished paper given at the Museums and Refugees Keeping Cultures Conference at the Museum of Docklands, March 13, 2008.

的文物。博物馆工作人员也注意到她们对这些文物有着独特的了解和诠释，这些了解和诠释是博物馆研究人员所不具有的。于是，工作人员邀请这些女士为这些文物撰写故事。虽然这些故事常常与博物馆的专家意见相左，但它们与专家诠释一起被纳入展览中进行展示。这段经历最终导致一个新项目的诞生——曼彻斯特博物馆正式邀请少数族裔团体来馆内挑选他们心仪的藏品进行诠释，并把他们诠释的内容放在博物馆官网上展出。

在这个例子中，“接近”是非常重要的一步——首先是接近博物馆的场所，之后是接近博物馆的藏品。由“接近”然后成为可靠的信息提供者，为博物馆提供关于藏品的信息和故事。在另外一些例子中，“接近”表现在观众以“有资历的”志愿者的身份参与博物馆业务——比一般的非专业志愿者更进一步的“接近”。博物馆（有时是与教育机构合作）通常会为志愿者提供专业培训，这些培训也增强了这些人员在其他机构找工作的竞争力。

## 二、反　　映

“反映”是比“接近”更进一层的参与形式。这一形式一方面源于博物馆对自身社会角色认知的转变，另一方面也源于博物馆想留住观众的愿望。把观众带进博物馆仅是第一步，博物馆要做的是留住他们。如果人们来到博物馆仅是因为下雨天的一次避雨、酷暑天的一次乘凉，他们离开博物馆的时候并不会有任何收获。因此，除了观众数量，观众的停留时间目前也已成为许多博物馆考量的重要内容。例如，中国的南京博物院将观众停留目标定在4小时。据其2016年的统计，该目标已基本实现，观众在南京博物院的平均停留时间为3小时40分钟[①]。

① 《逛南博的观众，平均每人停留近四小时》，《扬子晚报》2016年5月19日。

南京博物院院长龚良认为：“想要让公众留下来，并且留下来的时间越来越长，主要靠的是展览。”①

什么样的展览能留住观众？这个问题有众多答案，其中之一就是要让观众能在展览中找到自己，也就是说，博物馆的展览要能反映观众的兴趣点和生活，让他们能找到一种与自己的关联和共鸣，进而对展览的内容进行思考。这就是一个他们对展览的“反映”过程。当然，观众并非是一个同质的整体，他们有着不同的兴趣点和生活。在促进博物馆反映多样化观众时，政府往往起着举足轻重的作用。在瑞典，拥抱多样化观众、反映他们不同的兴趣点和生活是某些博物馆获取政府拨款的必要条件。如国立世界文化博物馆（The National Museum of World Culture），瑞典政府对它的要求是：“表现瑞典以及世界各地思维方式、生活方式和生活条件方面的异同以及文化变迁。参观者将有机会对自己和他人的文化认同进行思考。”② 据曾任该博物馆展览部主任的 Cajsa Lagerkvist 介绍，为了达到这个目的，世界文化博物馆被要求与外部伙伴和利益相关方进行创新的交流和密切的合作，大大地改变参观者的构成，使其更多样化③。

这方面的一个经典例子是大英博物馆策划的“100 件文物中的世界史”（A History of the World in 100 Objects）巡展项目。这个项目源起于大英博物馆与英国广播公司（BBC）合作的一个广播节目，该节目用大英博物馆的 100 件藏品来讲述世界 200 万年的历史。之后大英博物馆将其发展成为一个同名展览，于 2014 年开始在世界范围内巡回展出。这个巡展项目与众不同的一点是，大英博物馆要求各主办

---

① 许晓蕾:《南京博物院院长的妙事：每年观众暴增到300万人》,《南方都市报》2018年3月20日。

② Official Government Report, SOU 1998: 125, p. 28 (translation by Cajsa Lagerkvist).

③ Cajsa Lagerkvist, “The Museum of World Culture: A ‘glocal’ museum of a new kind”, In Katherine Goodnow and Haci Akman (eds), *Scandinavian Museums and Cultural Diversity* (Paris: UNESCO, 2008).

方在展览的100件展品之外额外增加一件展品，成为展览的第101号展品，用来代表主办方所在国家或地区。这一举措便是博物馆邀请反映式社区参与的极佳例子。世界200万年间的历史与大英博物馆的藏品，这两者对于举办方所在地的观众来说都有些遥远，除了一些专业人士，大部分观众与这个展览之间并没有非常亲密的关联。而通过加入一件能反映本国或本地的展品，这种关联一下子建立起来。这个展览于2017年来到中国，先后在中国国家博物馆与上海博物馆展出。在中国国家博物馆展出时，所添加的第101件展品是见证中国重返世界贸易组织的“木槌和签字笔”。据国家博物馆中方策展人闫志解释，国家博物馆之所以选择这一件套文物加入展览，“主要考虑到世贸组织是致力于消除贸易壁垒、实现经济全球化的组织。中国也是世界贸易组织前身的创始国，中国历经重重困难，终于于2001年重返世界贸易组织，这对中国的改革开放来说，对于世界经济发展来说，都有重大意义”[①]。中国加入世界贸易组织，虽然已经是近二十年前的事，但相比于世界200万年的历史，这依然是距离中国观众非常近的事件。许多观众（包括本文的作者之一）对这一事件记忆犹新，是事件的亲历者。当自己所亲身经历的事件被包括进展览中，与其他在人类历史进程中具有深远意义的文物一起，作为对世界历史的陈述，这种历史亲近感很自然能促发对展览、对展览所展示主题的思考。当展览在上海展出时，上海博物馆增加的第101件展品是一枚由100组文物精心构图而形成的二维码。上海博物馆馆长杨志刚对此解释道：“二维码应用在中国极其普遍，已经成为生活中不可或缺的存在，亦足以登堂入室进入博物馆，并被载入人类文明史。”[②] 上海博物馆增加的这件展品反映了

① 《大英百件文物展，第101件文物为什么是中国重返世贸签字笔》，《澎湃新闻》2017年3月1日（https://www.thepaper.cn/newsDetail_forward_1629692）。

② 孙丽萍：《大英博物馆百物展移师上海，第101件神秘展品选定二维码》，新华社2017年6月29日（http://www.xinhuanet.com/2017-06/29/c_1121229560.htm）。

中国观众的日常生活，建立起展览与观众之间的关联。该展览在 102 天内吸引了 40 万观展人次，创下上海博物馆特展的参观人数之最[①]。

但是，仅仅“反映”依然是不够的。博物馆展览所反映的也许仅仅是策展人的专业兴趣，或者是博物馆或收藏人当时发现或收藏文物时的兴趣所在。在博物馆的展览中，文物常常被剥离了其原生环境，不再能反映出其本应反映的人和事。要想缓解这个困境，有一个方法是在展览中增加来自目标观众群的物件和陈述。

## 三、提　　供

“提供”形式的参与在很多方面都与社区的成员相关。博物馆有时会向普通观众和当地社区征集个人用品或个人故事，甚至是创意，用来加强展览的叙事，或开展某项活动。站在观众角度，即他们向博物馆“提供”了这些内容。

上文提到上海博物馆增加了一枚二维码，作为大英博物馆“100 件文物讲述世界史”展览的第 101 件展品。值得一提的是，这件展品的创意便来自当地社区。在展览开展前四个月，上海博物馆历时一个月向公众公开征集第 101 件展品的创意。随后，他们组织专家对收到的方案进行评审，选出了最佳的十种方案。最后，在综合这十种最佳方案以及展陈方案后，最终定下了这第 101 件展品。所以，这件展品的创意其实来自博物馆观众。这便是社区对博物馆的提供式参与。通过这一方式，即使是那些方案没有最终被选中的参与者，也会因为参与这个活动，增加了对这个展览、对博物馆的亲近感。

为博物馆提供素材、故事、展品的例子在中国博物馆的实践中越来

① 《“大英博物馆百物展：浓缩的世界史”喜获殊荣》，上海博物馆官网（https://www.shanghaimuseum.net/museum/frontend/articles/I00004148.html）。

越多见。例如，南京博物院于2018年春节前夕策划了一个名为“回家过年”的展览。展览通过场景还原，展示了1949年以来中国家庭生活状态的变迁。展览场景中所展出的家具、电器、装饰品等各种家庭用具与摆设，除博物馆自有的部分藏品外，其余皆来自当地社区居民的提供。

对于博物馆来讲，由社区提供的内容有多重作用。一方面，它们可以填补官方历史中留有的空白。工人阶级、妇女、少数民族或原住民的历史也许不像统治阶级、帝王将相或英雄精英们的历史那样被完整地以书面形式记录下来。口述史和音乐便是填补这些空白的有效方式。另一方面，个人故事还能为展览增添情绪和戏剧风味。

这些非官方历史使策展人可以突破博物馆馆藏的限制，把研究视角延伸至博物馆以外。很多人认为，博物馆都太受藏品的束缚，导致博物馆所讲述故事的重复性与局限性，缺乏变化和创新。社区提供可以为博物馆带来新的展品、新的叙事角度，同时也加深了观众对博物馆的参与。

个人故事和口述历史也能让博物馆在避免对某一公共事项表明一个公然的政治立场的同时，展示不同形式的社会历史。当不同社会群体对某段历史的陈述有矛盾或冲突时，个人故事就为博物馆提供了一个缓冲地带——“这是他们说的”，“这是他们记得的”，“这不一定是我们的本意”。至于博物馆是否应该有政治立场，或者，博物馆是否应该对正在发生的社会政治事件发声，对于这个问题的讨论在英国脱欧公投结束后以及特朗普当选美国总统后尤为激烈。这一点还是要视博物馆所在国的国情以及博物馆的宗旨进行具体分析。

以“提供”形式进行博物馆参与已在许多国家和地区获得了政府的支持。联合国教科文组织于2003年发布了《保护非物质文化遗产公约》，强调政府在保护“非物质文化遗产”中的责任[①]。但是这份政府的

---

① 参见https://ich.unesco.org/en/convention。

“责任”也受到了一些批评。丹麦学者 Inger Sjøslev 曾在其“全球化视野下的无形文化遗产与民族博物馆实践”（Intangible Cultural Heritage and Ethnographic Museum Practice in a Global Perspective）一文中指出，少数民族的历史可能会被政府用来促进旅游业或当地消费，而得不到应有的承认和补偿[①]。也就是说，当个人或社区把故事提供给博物馆后，他们对这些故事如何在博物馆中展示并没有话语权。如果要让社区在展览的决策中有话语权，就涉及我们要讲的最后一种参与形式：结构性参与。

## 四、结构性参与

“结构性参与”是指社区的成员与博物馆工作人员一起，参与博物馆的决策、议程设置和政策制定。结构性参与有不同的形式，不同的形式中，社区成员担当的角色也不同。其中一种可称为“顾问式”，即博物馆任命一名或少数几名社区代表担任博物馆的顾问委员会成员，对展览（这个展览通常是与该社区相关的）出谋划策，提供内容和材料。策展人会就某些问题向他们咨询，但最终决定权依然在策展人手里。这种方式是为了让展览尽可能地包括来自社区自己的声音，避免过多的“他者”视角。但这种做法并不被所有博物馆接受。上文提及的瑞典哥德堡世界文化博物馆就摈弃了这种方式，转而采用邀请较多一些的社区成员进行较低级别的参与。对此，Lagerkvist 这么解释道：“采用多种声音的方式是为了避免一位或几位成员成为整个群体的代言人，并且有权定义这个群体的集体认同，而无视这个群体内部的多样性和动态性。”

① Inger Sjøslev, “Intangible cultural heritage and ethnographic museum practice in a global perspective”. In Goodnow and Akman (eds), (2008) op cit.

社区成员对本社区的一位或有限几位代表成为博物馆顾问同样持保留意见。社区（或社群）很少是同质的。比如，在博物馆和策展人眼中是一个统一整体的“苏丹人”，相互之间实质上存在着各种不同，他们有不同的历史观、不同的“民族”文化。因此这些社区有时会要求由多人到博物馆担当顾问，但出于经费等因素，这项要求在现实中并不总能实现。一个比较好的解决办法就是把展览分成几个小故事，比如，讲“北苏丹人”的故事，而不是以“苏丹人”一言概之。还有个更好的方法是组建社区成员网络，通过群聊、社交群组等信息沟通手段，让广泛的社区成员实质上成为博物馆顾问。伦敦博物馆在策划其“归属”（Belonging, 2006）展时就采用了这种方式。

政府部门经常通过委任顾问委员会成员的方式推动当地社区对博物馆的结构性参与，比如，政府会规定各个社区加入博物馆顾问委员会的名额。同时，政府也会因这些社区所握有的选票而受到他们的牵制，比如，在他们要求更大程度地参与博物馆运营时而作出妥协。

除了让社区成员担当博物馆的咨询顾问，另一种形式是直接委任一位社区成员担任策展人，但这样的做法似乎也受到了质疑。委任一位少数民族人士担任策展人，听起来非常吸引人。但是，首先，找到这样一位受过专业策展训练、切合博物馆需要的人士并非易事。其次，这位人士可能会被认为仅仅代表了这个社区的一小部分人甚至只是代表了他或她个人的兴趣或利益。这就是“德国文件中心和移民博物馆”（Dokumentationszentrum und Museum über die Migration in Deutschland）希望避免的问题。因此，在其 1998 年的展览“外国的家：土耳其移民的故事”（Fremde Heimat. Eine Geschichte der Einwanderung aus der Türkei）中，他们特别委任了两位策展人，一位德国裔，一位土耳其裔[①]。

以某个少数民族为主题的博物馆，或拥有少数族裔员工的博物馆

---

① http://www.domit.de/seiten/ausstellungen/fremde_heimat_essen/fremde_heimat_essen-de.html.

通常都是由具有高度政治认可程度的民族所建立的。例如，北欧国家的萨米族具有较高的政治认可度，他们以萨米议会的形式具有一定程度的自治权。自 20 世纪 70 年代开始，他们或者建立起自己的萨米博物馆，或者获得了对已建萨米博物馆的领导权。这些博物馆在日常运营中一般会考虑两类观众：一是他们需要面向本民族尤其是本民族中的年轻人进行讲述，从而使得民族的传统得以维持和发扬；二是随着文化旅游业的不断发展，他们也需要面向其他民族的观众进行讲述。而这两个方向的讲述往往无法很好地统一。

从小范围讲，博物馆已经解决了“自我呈现”（self-representation）的问题，以及通过与社区的合作——有时是在博物馆的永久陈列展厅，有时是在博物馆专为某些社区设立的特别展厅——实现了较大程度的结构性参与。澳大利亚阿德莱德市的移民博物馆（The Migration Museum in Adelaide）在馆内开辟了一个名为“论坛”（The Forum）的单独空间，用来展示移民社群自己开发的展览，博物馆工作人员为他们提供有限的设计和研究方面的帮助。悉尼的动力博物馆（Powerhouse Museum）也有类似的展厅，但相比阿德莱德的“论坛”，更偏向研究性。

上述都是相关少数族裔社群的例子，接下来这个例子即“黑暗中的对话”展览的（*Dialogue in the Dark*）是关于视觉障碍人群的。在这个展览的筹划和展示过程中，从概念设计到展出时的导览，视觉障碍人士扮演了非常重要的角色：

> 参观者以小团队的方式由盲人导览员带领着穿过特别设计建造的黑暗的房间，在这些房间里，用气味、声音、风、温度、材料表面的肌理等来表达日常环境（如公园、城市、酒吧）的特征。在黑暗中，日常的生活变成了一段全新的体验，也形成了一种社会角色的对换：视力良好的人失去了他们熟悉的环境；视觉障碍

的人为他们保驾护航，向他们展示一个没有画面的世界。[①]

通过在临时展览上的合作实现公众参与也会带来另一个问题：临时展览的暂时性会让社区成员觉得他们没有被长期稳定地呈现。对于这个问题，许多博物馆的解决方式是把这些临时展览放在网站上展示，通过网络平台进行讲述。这已经成为一个填补官方历史遗漏的重要方法，同时也能保证所讲述故事的多维丰富性。网络展示的方式多种多样，比如：悉尼的澳大利亚博物馆在其网站上以“另类时间轴”的方式，展示当地土著民族1500—1900年的历史[②]；澳大利亚维多利亚博物馆建立了口述历史数据库，以口述史的方式讲述原住民的历史[③]。

以上所述就是博物馆公众参与的四种主要形式。总结来说，“接近”就是为公众提供可以接触、使用博物馆的渠道，让博物馆和藏品为他们所及；“反映”就是博物馆把当地社区的故事也作为展览内容的一部分，反映他们的文化和生活，但不一定涉及向当地社区咨询或请他们参与策展；“提供”是指博物馆向社区成员征集信息、展品和故事，但社区成员并不参与展览的决策；“结构性参与”则是指社区成员作为博物馆的合作伙伴，以顾问或者策展人的身份参与博物馆的策展工作，共同参与博物馆的决策、政策制定和议程安排。这四种方式之间并不冲突，一个项目可以采用一种或多种社区参与方式。具体选择哪种或哪几种取决于不断改进的博物馆实践和政治环境的变化，也取决于社区的利益和需求。如何构建平等的、可持续的社区合作关系是全球博物馆需要思考和面对的问题。

---

① http://www.dialog-im-dunkeln.de/en_plain.

② https://australianmuseum.net.au/indigenous-australia-timeline-1500-to-1900.

③ https://museumsvictoria.com.au/hidden_histories.

# 第六章

# 主导式叙事、身份认同及其他

杰克·罗曼（Jack Lohman）

我想以一张我很喜欢的照片（下图）开篇。这张照片摄于加拿大维多利亚皇家卑诗博物馆（Royal British Columbia Museum, 以下简称RBCM）。我是这家博物馆的首席执行官。2013年，RBCM策划了一个名为“欢节庆传统”（Tradition in Felicities）的展览[①]，庆祝加拿大历史最悠久的维多利亚唐人街建立155周年。策展过程中我们与当地华

几位华裔小观众在参观RBCM的“欢节庆传统”（Tradition in Felicities）展览

① 更多该展览的信息与图片，见http://royalbcmuseum.bc.ca/about/explore/centre-arrivals/chinese-canadian-history-british-columbia/tradition-felicities。

人社区进行了充分、紧密的合作。我们也走访了一些在本地居住多年的华裔和他们的家庭。展览展示了维多利亚唐人街的历史，呈现了其作为联结亚洲与北美的桥梁在当地华人社区发展中的重要性。出于展览对其中一件重要文物“洪门走马灯”的活态保护，我们获得了国际凯克奖（Keck Award）①。

展览展出后获得了观众的热烈回应。当地华裔对于自己的文化遗产能在博物馆展出倍感欣喜。其他族裔的观众也很有兴趣通过展览了解中国与加拿大的历史联系。

这张照片同时也揭示了一个事实，一个我们在辛勤制作博物馆展览却常常忽略了的事实，那就是：观众的快乐对于一个展览是多么重要。从照片上可以看出，观众们很喜欢这个展览，他们很高兴，孩子

RBCM的“欢节庆传统”（Tradition in Felicities）展览

① 凯克奖由国际文物修护协会每两年一次颁发，表扬那些致力于提升公众对文物保护的认识和对文物保护工作成果的欣赏的个人和团体。

们站在大灯笼前玩得很开心。我们可以从他们的脸上看出来。这一点也让我很高兴。

他们就在那里，穿着他们日常的连帽衫、牛仔裤，就这一点就已经让我很高兴。他们是普通的加拿大孩子，他们也是华人孩子。在他们身上，并不存在某个身份的结束、新的身份的开始——这一点非常重要。这也引出了本章要探讨的主题：我们是谁？我们可以讲述哪些文化故事？

## 一、主导式叙事（Master Narrative）

我想首先讨论一下当代博物馆交流的主要方式，即博物馆如何与观众交谈，具体而言：博物馆选择哪些文物展出？博物馆如何向观众讲述这些文物？博物馆通过展览这个凝结了研究、设计、建筑、物质文化等各方面意义的综合性文化产品讲述哪些故事？

我们在很多博物馆都能看到我所谓之的"主导式叙事"（Master Narrative）①：小型博物馆倾向于单一、专门化的主题；中型博物馆试图在一个宏大主题下讲述多个层面；即使是大型博物馆，虽然像百科全书式地展示了多方面、多视角的内容，也总是企图把这些话题置于一个更大的叙事之下，如一个国家的历史、一个时代的历史；还有些博物馆主要关于某项技术或者某一门科学；也有一些博物馆用以纪念战争。其中一些博物馆做得非常好。如：北京的首都博物馆讲述了一座城的故事；开普敦的第六区博物馆（District Six Museum）记录了南非的黑人在种族隔离时期被迫离乡背井的记忆；南京侵华日军大屠杀

---

① 译者注：主导式叙事（Master Narrative），有时亦译作"主导叙事"或"主流叙事"，原意是指由占主导或主流的文化或群体编织而成的关于社会结构的叙事。与其相对应的概念是"反主导式叙事"（Counter Narrative），或"反叙事"，是指从多种视角构成叙事，是对主导式叙事的去殖民化解构。

遇难同胞纪念馆追溯了一段历史悲剧。

主导式叙事还是有效果的。但有时候，他们又太有效果了。首先我想指出的是，构成主导式叙事的元素不仅仅是文物和文本，策展思路、展厅设计、博物馆建筑等都在其中。比如，现实中有很多博物馆坚决主张每一位观众都能顺着策展的思路和预定的参观路线参观，这样观众就不会偏离策展人希望他们通过展览得到的信息。这种强势也可以通过博物馆建筑来表现。例如，安多尼·普雷多克（Antoine Predock）设计的加拿大温尼伯人权博物馆（Human Rights Museum）极具视觉冲击力，充满了建筑性效果，增强了恐怖与黑色，而这正是博物馆想要观众感受到的，是其主导叙事的一部分。

另外，我们也不要忘了一个博物馆不是很情愿探讨的问题：文化支配方的影响力。所谓“文化支配方”，即在文化项目上有话语权的一方，既包括为博物馆、文化机构买单的政府，也包括大方捐赠的同时却在合同中设定了“什么可以”“什么不可以”条款的私人赞助者们。在有些例子中，文化支配方甚至可以是博物馆的建筑设计师，他们有时也会提出要求，比如大厅里不许有招牌、天井里不许设餐饮吧，以保证他们的设计效果。由此看来他们更关心的是他们设计的作品——博物馆的建筑，而不是博物馆之所以建立的理由——观众。我们可以理解博物馆的这些做法，因为强势的文化形式能传递出清晰的信息。

中国和加拿大两国似乎有着完全不同的历史，其实他们又有着相当的相似处。我们不妨回到 19 世纪来看一下那时的博物馆，当时公共博物馆的概念开始生根发芽，从加拿大和中国博物馆的例子上不难看出博物馆的主导式叙事有多奥妙。

在中国最早建立的博物馆中有一座由法国传教士在上海建立的博物馆，叫作徐家汇博物院（后也称作震旦博物馆）。徐家汇博物院拥有大量的自然历史标本，是致力于为学术研究服务的优秀研究型收藏。同时，博物院里也有关于中国历史的文物收藏和展示。这听起来似乎很不错。但正如吕烈丹教授（Tracey Lie-Dan Lu）在其《中国博物馆：权力、政治与认同》（*Museums in China: Power, Politics and Identities*）一书中所言：

> 在震旦博物馆中，中国文物和西方科学标本放在一起展示，构建了这样一种话语：过时了的“中国之过去”较之于“欧洲之现代”……这在之后的几十年里成为中国大陆所有博物馆的永恒的话语。[①]

在这种意识形态的变形方面，加拿大也不例外。历史学家丹尼尔·弗兰西斯（Daniel Francis）在《想象中的印第安人：加拿大文化中的印第安人形象》（*The Imaginary Indian: The Image of the Indian in Canadian Culture*）一书中指出，加拿大早期对原住民文物的收藏事实上是把这些文物当作一种已逝文化的遗留物，剥离出这些文化，而没有把他们当作有生命的东西[②]。在其所著的另一本书《国家梦：神话、记忆与加拿大历史》（*National Dreams: Myth, Memory and Canadian History*）中，弗兰西斯提到了另一个相似的例子，即加拿大的法兰西文化被英裔加拿大人作为一种猎奇来对待。他尖锐地写道：

> （魁北克）农村社会的“民俗化”正好迎合了对一个风光如画、由牧师主导、经济落后的民族的刻板印象，他们天真的生

---

① Tracey Lie-Dan Lu, *Museums in China: Power, Politics and Identities* (New York: Routledge, 2014; pb 2015), p.26.

② Daniel Francis, *The Imaginary Indian: The Image of the Indian in Canadian Culture* (Vancouver: Arsenal Pulp Press, 1992), pp.103–105.

活乐趣和钩针编织的毛毯令人向往，但对于加拿大的现代化发展而言则无足轻重。魁北克的“民俗化”为外人提供了一种将之作为多彩的“主题公园”而纳入他们对加拿大的想象中的便捷的方式。[①]

但是，即使是今天，博物馆的主导式叙事依然没有褪色。渥太华有一座加拿大历史博物馆（Canadian Museum of History），之前称为加拿大文明博物馆（Canadian Museum of Civilization）。这个博物馆于2017年高调推出了一个新的永久展馆“加拿大历史馆”（Canadian History Hall），尝试从多个角度——法国、英国、原住民——讲述历史，对加拿大过去的不同的诠释都在这里得以呈现。相比于有些仅立足于殖民者角度展示历史的展览来说，这个展览对“这是谁的历史”“谁在讲述这些历史”这些问题进行了重新思考，让以往被忽略的原住民的声音也一样被听到。

展馆的建筑师道格拉斯·卡迪纳尔（Douglas Cardinal）说，加拿大历史馆拥有“强大的象征形式”，这个象征形式是“博物馆的骨干和枢纽，展现了我们作为一个国家的历史”[②]。真的吗？我们是否仅是关上了历史的大门，然后做了一些除尘，仅此而已？加拿大历史馆充满着强烈的自豪感，哪怕这种自豪出于对过去错误的勇于承认。当然，这不一定是坏事，但我觉得我们应该对博物馆是否应该激发这种自豪感作一些反思。我们只需看看战争博物馆，他们在唤起民族自豪感方面做得很好，但细究其根源，他们这么做真的合理吗？

---

① Daniel Francis, *National Dreams: Myth, Memory and Canadian History* (Vancouver: Arsenal Pulp Press, 1997), pp.104–105.

② Éliane Laberge, “Behind the Scenes of the Canadian History Hall Project with Architect Douglas Cardinal”, Canadian Museum of History Blog, May 19, 2015.

今天的世界已经有了巨大的改变。加拿大已经享有很长一段时期的稳定、和平和富足，世界许多其他地方也一样。我们是否应该寻求唤起自豪感以外的情绪了？擂起的战鼓、民族的构建是否已不再合时宜，甚至是有害的？我们是不是应该着力寻找促进和平共处的方式？当然，我们依然可以是有地方特色的、有民族特色的、特别的，我们依然可以是不同的，但它不再是一个胜负的问题。全球化主义的本质在一定程度上已经有了改变，差异可以平等共存。今天我们所需要的是一个分享的博物馆。

时代在前进、在改变。先不论别的行业，至少在文化领域，我认为很多人需要快步追赶上这个时代。我常听年轻的学生们谈起后民族主义。这就是他们眼中的世界，一个通过全球经济和互联网无缝关联着的世界。这个世界的发展，可能会有磕磕绊绊，但是不管怎样，接触不同文化的平等性不会消失。

2017 年是加拿大联邦化 150 周年，全国范围内有一系列纪念活动。但对于如何庆祝，甚至是否应该庆祝，加拿大社会有不同的声音。批评人士迅速、尖锐地发出他们的反对声。我认为这是一个积极的信号。不愿过分强调国家和民族不仅不是懦弱的象征，相反，这标志着这个国家和民族的成长和成熟：青涩时候急于想证明自己的“看着我”被一个更成熟、更自信的“嗯，这就是我”所取代。在博物馆或其他文化领域，政治是否应该往后退一下，无须帝国意识形态，无须再大声呼喊国家的荣光。在这一点上，博物馆是否可以借鉴剧院，剧院上演的戏剧讨论政治却又独立于政治。

最大的问题可能在于我们错误地认为博物馆以及许多其他类型的文化机构都很擅长叙事。然而主导性叙事却颇具误导性。博物馆讲述着战争故事、民族主义、胜利的荣光，强调着一个统一的民族的伟大，却忽略了人、家庭、社会生活。很少有观众能在博物馆看到自己，看到他们的经历在博物馆这种文化表征的最高形式中得到证实。我们不禁要问：博物馆里讲述的是谁的历史？

所以，我们不得不承认：博物馆在叙事方面做得并不好。博物馆应该讲述哪些故事？如何讲述？是时候重新思考这些问题了。

## 二、其他故事

主导性叙事模式往往与较早期的国家政治形态模式相一致。但是，如果放弃这个模式，我们又将去哪里寻找新的模式？这个问题似乎并没有一个简单的答案。要回答这个问题，我们需要重新思考文化领域的工作及其重要性，一方面结合博物馆所在国家的实际国情思考，另一方面各个国家的博物馆也可以携手联合思考并实践。

就加拿大与中国而言，两国都面临着体量大带来的挑战。民族众多、幅员辽阔、文化多样，要提炼出一个单一的认同实属不易。我们何不换一种思维，先不要尝试着去寻求一种统一的形式来表征，不妨广开大门，欢迎各种不同的文化和群体，说：这也是中国，或这也是加拿大。我觉得北京的中国国家博物馆在这方面做得不错。是的，它讲述了一个宏大的故事，一个国家的故事，但它也为地方故事留下了空间。我在馆里找到了省级差异和区域风格的细微差别，它让我禁不住想探索中国的其他地方。

近几年，中国政府一直在倡导和实施“一带一路”战略。“一带一路”战略基于过去，展望未来，是现在，也是将来了解中国的一个重要途径。对于“一带一路”政策的诠释是否只能在报纸上找到？博物馆在其中可以担任什么角色？关于“一带一路”的影响和相关性，业界有很多讨论。像哈佛的麦克·桑德尔（Michael Sandel）这样的思想家认为，对文化理解进行货币化将会改变我们对文化的重视。用他的话说，财务方面的动机将“排挤”其他动机，而这些“其他动机”正是我们文化领域的工作者更看重且想当然认为他们具有优先性的[1]。这是否算是“一带一路”的副作用呢？

另外，我们也不应该忘了非物质文化遗产。博物馆对物质文化遗产的收藏和保护历史悠久，今天的博物馆越来越意识到非物质文化遗产的重要性，并将其纳入业务中。技术的发展已使得非物质文化遗产收藏更为方便，但博物馆依然有很大的空间去探索技术带来的各种可能性。几年前我参观南京博物院的时候，发现他们有一个展馆专门用于展示非物质文化遗产，还有剧院、茶社上演各类中国传统戏剧、曲艺等非物质文化形式，让观众切身感受非物质文化遗产的魅力，非常值得借鉴。

加拿大博物馆的叙事模式略有不同。在中国悠久的历史文化面前，“年轻”的加拿大不免有点黯然失色。但加拿大也有着“新世界”带来的一些特别的方式。比如，原住民、移民混合带来的人口和文化的多样性使得我们对身份认同的变化更有意识。以 RBCM 为例，我们不仅做了华裔文化的展览，还发起了一个针对来自印度北部和巴基斯坦的旁遮普文化的项目（Punjabi Canadian Legacy Project），该项目旨在保护旁遮普人的文化和传统，探索旁遮普后裔对卑诗省、对加拿大历史的影响。这个项目采用照片、视频、口述历史的方式，让一个虽然是加拿大社会的一部分，却一直被忽视、冷落的族群得到了关注。我们想要在这方面做些改变，我想其他国家的博物馆也应该这么做。

文化交流领域有许多美好的故事。如果我们今天的世界确实已跨入后民族时代，我们就需要找到一种方式来表达。试图把不同的文化放在不同的盒子里——中国文化放这边，印度文化放那边——来提高文化意识，这样的做法毫无意义。在考察了世界各国的博物馆之后，

---

① Michael Sandel, *What Money Can't Buy: The Moral Limits of Markets*, London: Allen Lane, 2012, p.122.

RBCM邀请当地旁遮普族群代表参与博物馆历史展厅的策划，以使博物馆能呈现多元文化与视角

RBCM邀请当地旁遮普族群代表参与博物馆的展览策划，以使博物馆能呈现多元文化与视角

我喜欢加拿大的一点正是其文化认同的“不确定性”（uncertainty）。加拿大有一位很优秀的青年作家叫邓敏灵（Madeleine Thien），她的父母是华人——父亲来自马来西亚，妈妈来自香港。邓敏灵出生于温哥华，一直在加拿大生活。她的小说获得了业界众多重要的奖项。她的身份认同是什么，华人？马来西亚人？加拿大人？可以说，以上皆不是，又皆是。但是，这重要吗？我还可以举出许多其他领域的例子，华裔建筑师、设计师、生物学家、生意人、经济学家、运动员们，他们遍布加拿大社会的各个领域。他们的身份认同具有强烈的时代性，既是民族的，又是国际的。他们使得文化工作者尝试开辟更多不同的模式。

今天的博物馆的观众无一不是伴随着电视成长的，当然，不久以后我们应该说无一不是伴随着计算机成长的[①]。而博物馆却依然保持着前电视时代的思维。当你提到在展厅设置视听装置的时候，你可以看到研究员眼中的恐惧：“一个移动的装置？电影？声效？全息图？！”他们心生不安。进一步拓宽思维，或许我们可以将自然风景作为讨论文化的一种方式，因为自然风景不是由管理者或政府人为定义，而是自然生发的。中国和加拿大都是联合国教科文组织世界文化遗产地的坚定支持者。我们不妨将世界文化遗产地的想法向前推进，不仅仅向外看——试图把文化遗产地展示给观众，也可以把遗产地带进博物馆——在博物馆中通过陆地、海洋、山脉来培养和促进文化理解。“地方感”（sense of place）对每个人了解他们是谁、他们从哪里来至关重要。

---

① 邓敏灵（Madeleine Thien）在其关于中国的小说《不要说我们一无所有》（*Do Not Say We Have Nothing*）中，对技术对社会发展的影响有过类似描述。她认为，年轻一代华裔音乐家不同于老一代，是因为录音技术的出现使音乐冲破了国界的阻碍：“录音的普及为他们带来了平等。……他们听与美国人、法国人、德国人所听的一样的音乐。地理、民族、国家已不再是决定因素。”（London: Granta, 2017, pp.224–225）

## 三、我们能做些什么？

那么，我们能做些什么？我想列出以下关键词：**个人体验（经历）、精神生活、幽默、情绪、选择、冒险、合作**。基于我多年在博物馆领域的观察、思考、实践，我想我们可以从以上所列诸方面着手。这不仅仅针对文化领域，也可以拓宽至旅游、社会政策等其他领域。

### 个人体验（经历）

首先，展览要以人为本。离开这一点越远，观众对这个展览的兴趣就越小。我很喜欢的一位华裔作家陈达在他的回忆录《水声》（*Sounds of the River*）中记录了他在中国的成长经历。陈达出生于中国南部省份福建，后移居北京。这本回忆录充满了鲜活的生活体验：第一次堆雪球、吃豆腐乳、以天而不是公里来计量距离等。作为一个生活在加拿大的读者，这些体验我也曾有过。阅读这本书让我感触到博物馆对文化的展示和表征不妨从观众的体验入手，例如他们对于距离的体验、对于食物的体验、对于天气的体验。除了千篇一律地在展柜中向观众展示精美的瓷碗，我们为什么不从陶瓷的手感入手，让观众亲手体验一下陶瓷？诗人杨炼在《个人地理学》一诗中写道："手掌上满载故事的地图。"① 通过触摸式体验，相信观众一定会对博物馆所展示的历史和文化有更深的理解。

---

① Yang Lian, "Personal Geography", trans. Antony Dunn in *The Third Shore: Chinese & English-Language Poets in Mutual Translation*, ed. Yang Lian & W.N. Herbert, Bristol/Shanghai: Shearsman Books Ltd/East China Normal University Press, 2013, pp. 82–83. Also available at yanglian.net/yanglian_en/translate/etranslate_c2e_06.html.

## 精神生活

现有的社会文化实践中有一个缺环就是对精神生活的讨论。加拿大在这方面任务尤其艰巨，因为加拿大原住民的历史——这段历史是加拿大社会需要也必须了解的，不管是已经失落的，还是尚有遗存的，其中很大一部分都是关于精神生活的。有大量的未知有待探索和了解，博物馆则未尝不是一个探索和了解的很好的平台。博物馆需要留出空间给精神生活，鼓励观众表达他们的信仰，同时也尊重他人的信仰。在这方面，世界各国已经有很多成功的例子，如新西兰的蒂帕帕博物馆（Te Papa）、澳大利亚不吉拉卡原住民文化中心（Bunjilaka，澳大利亚维多利亚省博物馆的一部分）在馆内专门开辟了一个叫作“深度聆听”的空间，年龄介于7—82岁之间的原住民们在这里讲述他们的文化、土地、家庭、身份认同，以及他们之间如何互相关联。他们也在这里分享关于文化适应性与民族自尊的个人故事。当我们在中国的敦煌这个佛教和精神圣地讨论信仰怎能不使人感动？人们热切地想了解精神生活，因为正是精神生活赋予了生活以意义。

## 幽默

除了以上所提两点，如果我们还想进一步探索可以付诸实践的方面，让我们不要忘了人之所以为人的其他特质。大家可能都有这样一个感受：在博物馆里很难看到或读到笑话。这一方面是由于博物馆长期被作为历史和艺术的圣殿、作为教育的高堂而形成了刻板印象，似乎幽默、玩笑与博物馆本应具有的严肃、正经的形象格格不入。另一方面，也因为幽默并非易事。每个观众各有不同的想法、不同的笑点，我们无法做到面面俱到，让每个观众都能开怀大笑。但是，如果只是因为这样就彻底放弃幽默则未免遗憾。生活需要幽默。现实生活中人们总是乐于分享笑话。但目前来看，博物馆似乎完全屏蔽了幽默。也许我们在这点上需要作出改变。

## 情绪

请问你上一次在博物馆里哭是什么时候？这个问题也许会让你愕然。你也许在电影院洒过泪，在剧场湿过眼眶，但在博物馆呢？我们设想着博物馆向观众讲述着动人的故事，但要做到这点我们必须让更多的情感流露在展览中。现实中很少有博物馆这么做。更常见的是博物馆保持着一种学术的语调，选用冷冰冰而不是鲜活时尚的设计。当然，学术的语调、客观冷静的设计并不是不好。但我们是否可以尝试创造一些其他风格的空间、使用一些其他风格的文字和方式呢？比如更多表达个人观点的文字、在理智之外更能鼓励情感表达和精神回应的方式？

## 选择

博物馆往往因追求全面而反受其累，这样的例子不胜枚举，这是研究型策展不可避免的结果。比如，为了说明战士所用盾牌之间的微小差异，不惜展出几十个甚至几百个盾牌。细致、严谨的专业作风固然值得尊敬，但对于大部分观众来讲，这样的展出不免有点单一，既过于详细又过于相似。我们应该对所展示的内容作出更好的选择。我们需要层次更丰富的信息，各种不同想法、物件和推理的综合展示。博物馆并不是百科全书，不可能包罗一切。明白了这点，我们就可以卸下伪装，无须再为求大、求全作无谓的努力。我们需要的是更具多样性的、更可作改变的、更现代化的东西。互联网飞速发展，年轻的手指在手机屏上翻腾。社会在改变，博物馆也需要改变。

## 冒险

有时，我们也需要冒险。以加拿大为例，加拿大向来以热衷促进多元化而自诩，但是你在加拿大的大多数博物馆中并不能找到“伊斯兰教”这个词。由于我们这个时代宗教政治大行其道，“伊斯兰恐惧症”已成为一个现实问题，这在许多国家都是。如果我们不能传播和辩论，我们在博物馆这个文化堡垒里做些什么呢？安藏于其中？我们应该更大胆一些，因为人道的目的正是出于建立一个更好的世界，正是出于拥抱关于人的一切。

## 合作

合作也是当今博物馆寻求发展的一个积极措施。加拿大的一些博物馆已经与中国的博物馆建立了广泛的交流合作，比如 RBCM 曾在广州展出了一个关于“淘金”的展览，这个展览在广东的七家文化机构巡回展出；RBCM 所策划的一个历史图片展也曾在广州地铁站展出。

RBCM 策划的“金山梦！”展览在广东省七家机构巡展，图为广东华侨博物馆

但是，不管是中国还是加拿大，依然有许多“单打独斗”的博物馆。他们在服务本地社区方面做得很好，但仅凭一己之力难免力不从心。馆际合作则是增强博物馆资源、深化专业性、提升博物馆影响力的有效渠道。博物馆需要沟通、需要对话、需要分享、需要合作。

## 四、结　　语

博物馆正在迈向一个复杂的未来，一个可能融合了购物中心、虚拟现实的未来，一个足以让我们在其中迷失自己的技术的未来，一个有丰富的在线社区以至我们无法一一界定的未来。过去的文化具有巨大的权威和力量，关键就在于我们如何创造性地利用它。如何让博物馆与观众更有关联，如何抓住观众的注意力，如何让有意义的过去对现在的观众同样具有意义，将是我们进一步思考的问题。

不管是遵循传统的习惯，还是讲述全新的故事，还是用新方法讲述老故事，我们必须勇于冒险，我们必须面对时代的挑战，正如8世纪时期的中国著名诗人李白在《行路难》中所言：

行路难！行路难！多歧路，今安在？
长风破浪会有时，直挂云帆济沧海。